센서 회로 이론 · 실기 필독서

센서 회로 설계 및 실험 실습

지일구 · 김한근 · 김종오 지음

BM 성안당

도서 A/S 안내

당사에서 발행하는 모든 도서는 독자와 저자 그리고 출판사가 삼위일체가 되어 보다 좋은 책을 만들어 나갑니다.

독자 여러분들의 건설적 충고와 혹시 발견되는 오탈자 또는 편집, 디자인 및 인쇄, 제본 등에 대하여 좋은 의견을 주시면 저자와 협의하여 신속히 수정 보완하여 내용 좋은 책이 되도록 최선을 다하겠습니다.

채택된 의견과 오자, 탈자, 오답을 제보해 주신 독자 중 선정된 분에게는 기념품을 증정하여 드리고 있습니다. (당사 홈페이지 공지사항 참조)

구입 후 14일 이내에 발견된 부록 등의 파손은 무상 교환해 드립니다.

저자 문의 : jiilgu@sbc.or.kr
본서 기획자 e-mail : hck8181@hanmail.net(황철규)
도서출판 성안당 e-mail : cyber@cyber.co.kr
홈페이지 : http://www.cyber.co.kr
전화 : 031)955-0511
독자상담실 : 080)544-0511

머 리 말

1999년 12월 5일자 주요 일간지에서는 20세기, 한 세기(100년)에 있어서 인류에
가장 공헌한 사람 베스트 50인을 발표했다. 나는 이 이야기를 학생들에게 종종 질문
을 하는데 많은 학생들은 에디슨 아니면 아인슈타인를 항상 1위로 말한다. 그러나
모두 아니고 쇼클리(William Bradford Shockley)가 1위에 올랐다.

1945년 Bell연구소의 세 과학자 쇼클리, 바딘(John Bardeen), 브래튼(Walter Houser
Brattain)에 의해 진공관을 대체할 수 있는 트랜지스터(TR)가 개발된 이래, 반도체 소자
의 발전은 일상 생활의 모든 영역에 걸쳐 눈부신 변화를 가져다 주게 되었으며, 다양하
고 휴대하기 용이한 소형 전자 제품들이 등장하기 시작하였다. 하루도 없이는 생활하
기 불편를 느끼는 컴퓨터, 휴대폰, TV 등 다양하고 필요 불가결한 전기전자제품들을
바탕으로 센서 소자 및 센서 기술은 정보산업 기술의 발전과 더불어 다양하게 세분화
되어 그 이용 가치가 더욱 높아짐에 따라 제어 기기 신호 검출의 핵심적인 역할을 하
고 있다.

센서의 중요성은 인간의 육체적 능력을 대신하거나 보완할 수 있다는 점이다. 이
는 위험하고 힘든 작업 시스템이나, 인간의 힘으로는 도저히 감지할 수 없는 미세한
것들이라 하더라도 센서를 기술적으로 이용하면 보다 용이하게 처리될 수 있다는 것
이다.

본서는 전자 공학, 제어공학, 자동화, 메카트로닉스 등을 공부하는 공학도들이 한
학기 동안 센서 회로를 실험할 수 있는 분량으로 준비되었다. 구성은 반도체 센서를
위주로 하여 온도 센서, 광 센서, 홀 센서, 적외선 센서, 초음파 센서 등으로 구성되
어 있으며, 회로는 아날로그 증폭 회로 또는 OP-Amp를 주로 사용하여 부하를 구동
하도록 하였다. 부하는 독자의 의도에 따라 (예를 들면 램프 대신 모터로) 변화를 줄
수 있을 것이다. 실험결과들은 실험의 환경조건에 따라 다소 차이를 나타낼 것이므
로 세심한 배려가 필요하다 하겠다.

아무쪼록 연구하는 자세로 실험에 임하길 바라며, 센서의 활용면에 조금이나마 도
움이 되었으면 한다.

끝으로, 이 책의 출간에 협조하여 주신 성안당 관계자 여러분들께 진심으로 감사
드린다.

저자

차례

제2편　실험 실습

실험 실습에 들어가기 전에

실험 실습

제 1 편

센서 회로 설계

센서의 개요

1-1 개요

센서(sensor)는 본래 라틴어의 sens(-us)에서 유래된 용어로 인간의 5감을 대신하여 측정 대상물로부터 정보를 감지하여 전기적인 신호로 변환시키는 역할을 담당하는 소자(device)이며 자동화, 정밀화, 원격 조정, 고기능화 등 각종 산업 기술의 고도화를 위해 필수적인 핵심 부품이다.

따라서 센서를 제조하거나 활용하는 기술은 오늘날 가장 중요한 첨단 과학 기술의 하나가 될 뿐만 아니라, 앞으로 2000년대에 펼쳐질 정보 통신 사회의 실현을 위한 미래 기술로 자리 잡아 가고 있다.

이와 같은 센서 기술은 선진국에서 각종 전자 기기와 FA, OA, 로봇, 공해 방지 및 각종 방재 기기, 자동차 및 항공기, 우주 및 해양 탐사, 농업 기술 및 의료 기술 등 모든 산업 분야에서 필수적으로 채용되고 있으며 국내의 경우도 가전 제품, 자동차 전장품, 각종 경보기, 공장 자동화 등의 분야에서 센서의 수요가 급증하고 있다.

1-2 정 의

센서는 측정 대상물로부터 정보를 검지 및 측정하는 소자 혹은 측정량을 전기적인 신호로 변환하는 장치(device)라고 정의되며 좀더 세부적으로는 온도, 압력, 유량, pH 등과 같은 물리량이나 화학량의 절대치나 변화, 또는 소리, 빛, 전파의 강도를 검지(검출)하여 유용한 입력 신호로 변환하는 장치라고 정의된다.

1-3 센서 시스템의 구성

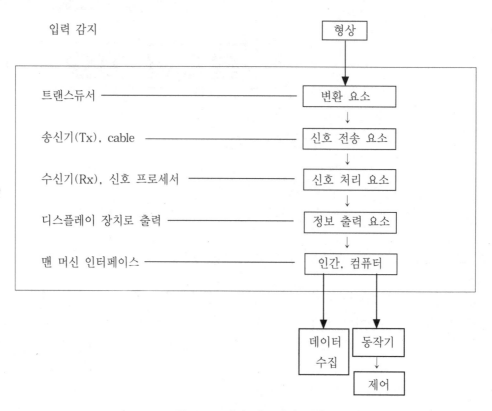

그림 1-1 센서 시스템의 구성

좁은 의미에서 센서 사용 목적은 신호의 감지라고 할 수 있으나 센서 사용 목적을 좀더 폭넓게 확장하면 신호의 변환, 정보 처리, 기계 및 전기적 작동 등의 사용목적이 있다. 이와 같은 목적은 센서 자체로 해결될 수는 없으며 센서를 포함한 여러 가지 기기가 조직적으로 결합되어 일정한 원리, 법칙, 규칙, 순서에 따라 상호 관계가 유지·협동함으로써 전체적으로 기능을 수행하는 시스템, 즉 하나의 조직체를 통해서만 가능하다.

이와 같은 시스템에 있어서 센서의 역할을 그림 1-1에 나타내었다.

1-4 센서에 요구되는 특성

표 1-1 센서에 요구되는 특성

특성	① 검출 범위, 동작 범위 ② 감도 검출 한계 ③ 응답 속도 ④ 선택성 ⑤ 정밀도, 확실성 ⑥ 구조의 간략성 ⑦ 복합화, 기능화 ⑧ 과부하 내량 ⑨ 기타
신뢰성	① 내환경성 ② 수명 ③ 경시변화
보수성	① 호환성 ② 보존성 ③ 보수 ④ 기타
생산성	① 제조 산출률 ② 제조원가 ③ 기타
기타	기타

센서의 측정 대상은 외계에 직접 노출되어 항상 가혹한 환경에 있으므로 이러한 환경 속에서도 장시간 안정하게 작동되어야 한다. 따라서 센서는 고안정성, 고신뢰성, 장수명, 고내구성 등의 기본적인 특성이 요구되며 이러한 센서에 요구되는 특성을 표 1-1에 나타내었다.

1-5 센서의 분류

표 1-2 센서의 분류

구 분	센 서	
원리, 방식	물리 센서, 화학 센서, 생물 센서, 기타	
효과, 현상	압전 센서, 초전 센서, 광전 센서, 기타	
재료	세라믹 센서, 금속 센서, 반도체 센서, 고분자 센서, 복합재료 센서	
구성	① 기본 센서 : 광, 음향, 가스, 압력, 온도, 자기, 습도, 바이오 ② 조립 센서 : 유량, 유속, 속도, 거리, 위치, 변위, 중량, 가속도, 회전 　　　　　　　수, 회전각, 레벨, 두께 ③ 응용 센서 : 로봇용, 자동차용, 우주 탐사선용, 방화용, 사무 기기용	
기능	전기 센서, 속도 센서, 습도 센서, 자기 센서, 가속도 센서, 광 센서, 변위 센서, 유량 센서, 방사선 센서, 압력 센서, 유속 센서, 분석 센서, 진동 센서, 진공도 센서, 바이오 센서, 음향 센서, 온도 센서	
에너지 변환 제어	에너지-변화형 센서 : 　　　태양전지, 압전형 가속도 센서 　　　열전대, 형상 기억 합금 등	에너지-제어형 센서 : 　　　포토 트랜지스터, 포토 　　　다이오드 서미스터 등
응용 분야	가전 기기용 센서, 자동차용 센서, ME용 센서, OA용 센서, 메카트로닉 센서, 연구용 센서, 산업 기기용 센서, 농·수산용 센서 등	

(표 1-2 계속)

구 분	센 서
기구 분류	기구형(또는 구조형), 물성형, 기구·물성 혼합형
검출 신호 분류	아날로그 센서, 디지털 센서, 주파수형 센서
검지 기능 분류	공간량, 역학량, 열역학량, 전자 기기학량, 공학량, 화학량, 시각, 촉각 등
변환 방법 분류	역학적, 열역학적, 전기적, 자기적, 전자적, 광학적, 전기 화학적, 촉매 화학적, 효소 화학적, 미생물적
용도별 분류	계측용, 감시용, 검사용, 제어용 등
구성·기능의 특징별 분류	다차원 센서, 다기능 센서

센서의 분류는 그 기준에 따라 매우 다양하여 재료나 검지 대상, 원리, 방식, 효과, 현상 등 구분 형태에 따라 다르므로 일목 요연하게 분류하면 표 1-2와 같다.

2

온도 센서

2-1 온도 센서의 개요와 종류

온도 센서에는 여러 가지 종류가 있지만, 일반적으로는 접촉식과 비접촉식으로 나누어진다.

여기서 접촉식이란 피측온체(被測溫體)에 온도 센서를 직접 접촉시키는 방식을 말하고, 측온의 기본형이 된다. 또한 이 방식은 접촉을 위한 피측온체의 열에너지가 온도 센서로 이동하기 때문에 이것에 의해 피측온체의 온도 저하를 가져온다. 이 경우, 특히 피측온체가 작고 열에너지가 미약한 검출 대상에서는 이것이 현저하여 정확한 온도 측정이 실시되지 못한다. 따라서 이 수법은 피측온체의 열용량이 센서 요소에 비해 충분히 큰 것을 전제 조건으로 한다. 결국 센서 요소를 접촉시키는 것만으로 피측온체의 온도가 저하하는 미약한 검출 물체에는 부적합하다고 할 수 있다.

이것에 비해 비접촉식은 피측온체에서 방사하는 열선(thermal lay)을 계측하는 수법으로, 이와 같은 문제는 없다. 또 이 방식은 상당히 떨어진 물체의 온도 측정도 가능하기 때문에 접촉식에는 생각할 수 없는 다채로운 응용도 가능하다.

그러나 그 성질상, 방사 에너지를 태우는 광학계와 여러 가지 보조 부재료를 필요로 하기 때문에 일반적으로 고가(高價)품이다. 그리고 만능형의 온도 센서는 있을 수 없으므로 측온할 때에는 사용 목적, 요구 정밀도, 가격 등도 고려하여 적절하게 선별하여 사용하는 것이 필요하다.

표 2-1 온도 센서의 종류

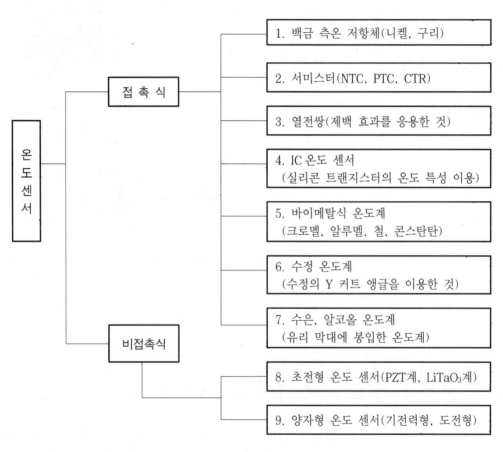

표 2-1은 온도 센서의 종류를 종합한 것이고, 표 2-2는 각종 온도 센서의 종류와 그 사용 온도 범위를 표로 정리한 것이다. 이 사용 온도 범위는 사용 조건 또는 그 밖의 여러 가지 요인에 따라 다소 차이가 있으므로 표 2-2의 값은 하나의 기준으로 생각하면 될 것이다.

표 2-2 온도 센서의 종류와 측온 범위

온도 센서의 종류	사용 온도 범위
수정 온도계	$-100 \sim 220 ℃$
서미스터	$-55 \sim 150 ℃$
IC 온도 센서	$-55 \sim 150 ℃$
백금 측온 저항계	$-180 \sim 600 ℃$ $\quad \alpha = +0.003916 / ℃$
구리 측온 저항계	$0 \sim 200 ℃$ $\quad \alpha = 0.004250 / ℃$

(표 2-2 계속)

온도 센서의 종류	사용 온도 범위
니켈 측온 저항계	−20~300℃(별로 사용하지 않음)
바이메탈식 온도계	0~300℃
수은 온도계	−30~350℃
알코올 온도계	−60~100℃
열전쌍 R(백금, 로듐)	200~1,400℃
열전쌍 K(크로멜, 알루멜)	0~1,000℃
열전쌍 E(크로멜, 콘스탄탄)	−200~700℃
열전쌍 J(철, 콘스탄탄)	0~600℃
광 온도계	800~2,000℃
방사 온도계	0~2,000℃

2-2 서미스터 온도 센서

2-2-1 서미스터의 개요

서미스터(thermistor)는 thermally sensitive resistor를 줄인 명칭으로 서미스터는 온도에 따라 저항값이 변화하는 소자이다. 그것에는 양(+)의 온도 특성을 가진 것과 음(−)의 온도 특성을 가진 것이 있다. 그리고 그것들의 센싱 요소는 온도 변화를 감지하고, 그 내부 저항이 변화하는 반도체를 응용한 일종의 온도 감지 저항이라고 할 수 있다.

다시 말해 온도 변화에 의한 저항체라고 하면 플라티나(platina)를 이용한 백금 측온 저항체도 같은 것이지만, 그것과 서미스터의 본질적인 차이는 백금 저항체가 금속인데 비해 서미스터는 반도체에 속한다는 것이다. 따라서 서미스터에는 반도체 특유의 여러 조건이 관계 하고 있다.

표 2-3은 서미스터의 종류와 그 특징을 종합한 것이다.

표 2-3 서미스터의 종류와 그 특징

종 류	사용 온도 범위	특성 곡선	기본 소재	용 도
·NTC(Negative Temperature Coefficient : 음의 온도 계수) ·세미로그 특성	−50~ +300℃	R↑ → T	· 천이 금속 산화물 소결 (망간, 니켈, 코발트, 철 등)	· 각종 온도 측정 · 전류 억제, 지연 · 수위 검출, 온도 보상 (온도 조정기, 전열기구, 체온계, 각종 온도 측정계, 풍속계)
·PTC(Positive Temperature Coefficient : 양의 온도 계수) ·스위칭 특성	−50~ +150℃	R↑ → T	· 티탄산바륨 · 실리콘계	· 항온 발열, 온도 스위치 · 지연, 온도 보상용 (난로, 화재 경보기)
·CTR(Critical Temperature Resistor : 음의 온도 계수) ·스위칭 특성	0~ +150℃	R↑ → T	· 산화바나듐계(바나듐 산화물에 인, 규소 등의 산성 산화물을 첨가) 또는 바나듐 산화물에 칼슘, 스트론튬, 바륨 등의 염기성 산화물을 첨가 · 황화은계	· 온도 경보, 과열 방지 · 액면 검출, 서지 방지 기억, 지연용 (PTC와 같은 용도, 전공계 볼로미터)

2-2-2 서미스터의 결합방식

각각의 소자마다 특성의 불균형이 크고, 백금 측온 저항체와 같이 그대로 측정 회로에 접속하여 사용하는 것은 공업적인 용도로서는 무리한 경우가 있어 센서에 회로를 부가하여 호환성을 갖게 하는 방법을 취하고 있다. 회로 방식은 그림 2-1에 나타난 바와 같이 소자의 결합에 의해서 호환성을 갖게 한 (a), (b) 타입과 합성 저항에 의해 호환성을 갖게 한 (c), (d) 타입, 저항 비율로 호환성을 갖게 한 (e) 타입 등 여러 가지 종류가 있으며 이들은 각각 표준 저항값, 표준 온도 범위를 정하여 저항값이 규정되어 있다. 이 때문에 호환 방식과 온도범위가 동일하면 소자간의 호환성은 물론 메이커 간의 호환도 얻을 수 있다.

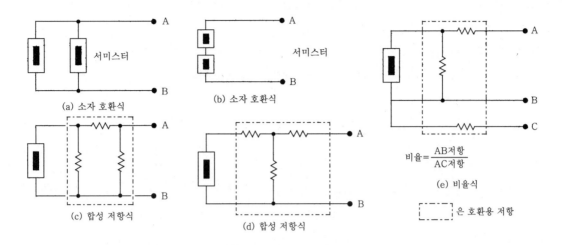

(a) 소자 호환식 (b) 소자 호환식

(c) 합성 저항식 (d) 합성 저항식

(e) 비율식

$$비율 = \frac{AB저항}{AC저항}$$

┌─ ─ ─ ┐ 은 호환용 저항
└ ─ ─ ─┘

그림 2-1 서미스터의 결합 방식

2-2-3 온도 검출 회로의 기본 구성

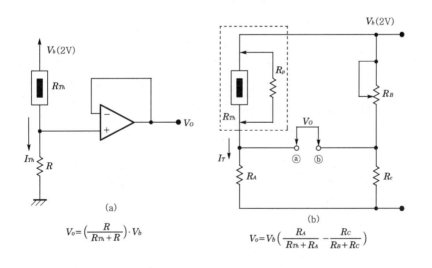

(a)

$$V_o = \left(\frac{R}{R_{Th} + R}\right) \cdot V_b$$

(b)

$$V_o = V_b \left(\frac{R_A}{R_{Th} + R_A} - \frac{R_C}{R_B + R_C}\right)$$

그림 2-2 온도 검출 회로의 기본 구성

그림 2-2는 온도 검출 회로의 기본 구성이며, 여기에는 직렬(series) 접속과 브리지
(bridge) 접속을 각각 예로 들었다. (a)의 시리즈 접속은 센서용 서미스터에 직렬 저항 R을
접속한 것이다. 이 출력 V_0는

$$V_0 = \left(\frac{R}{R_{th} + R}\right) \cdot V_b$$

의 관계식으로 나타낸다. 이 회로는 가장 간단한 구성이지만, 전원 전압의 변동이 출력에 직접 영향을 주기 때문에 그다지 실용적이지 못하다.

(b)는 브리지 접속법이며, 이것은 저항 브리지의 한 변에 서미스터를 삽입한 것이다.

이 회로에서는 출력 단자 ⓐ-ⓑ간의 편차(偏差) 출력으로 되고, 출력 V_0는

$$V_0 = V_b \left(\frac{R_A}{R_{Th} + R_A} - \frac{R_C}{R_B + R_C} \right)$$

의 관계식으로 나타낸다.

그런데, 이 회로에서는 서미스터 R_{Th}의 성질상 측정 온도가 낮아질수록 내부 저항이 증가하고, 브리지 R_{Th}, R_A측의 임피던스가 높아진다. 이것은 출력 회로에 나쁜 영향을 주기 때문에 억제해야 한다. 그에 대한 대책으로 서미스터 R_{Th}에 병렬 저항 R_p를 삽입하고, 외부상의 저항 증가를 억제한다. 또한 이것은 서미스터 등의 비직선 소자의 선형화(linearize) 기법과 관계되므로 이것으로 서미스터의 측온 특성을 개선할 수 있다.

2-2-4　온도 변화에 대한 릴레이 동작 회로

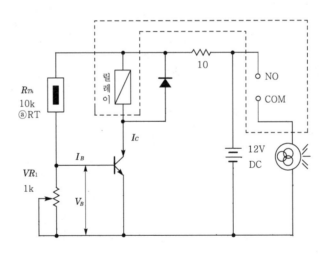

그림 2-3　온도 변화에 대한 릴레이 동작 회로

그림 2-3은 온도를 감지하여 릴레이를 동작시키는 회로이다. 이 회로에서 온도가 상승하면 서미스터 저항 R_{Th} 값이 감소하므로 서미스터 양단의 전압도 하강한다. 따라서 상대적인 가변 저항(VR_1) 양단의 전압 V_B가 상승하여 트랜지스터가 도통되므로 릴레이를 구동시켜 릴레이도 도통(ON)되고 따라서 램프도 도통(ON)되는 회로이다.

2-2-5 온도 변화에 의한 모터 회전 속도 제어 회로

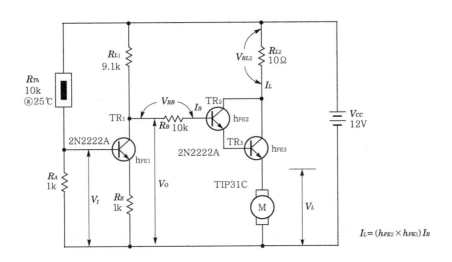

그림 2-4 온도 변화에 의한 모터 회전 속도 제어 회로

그림 2-4는 온도 변화에 의한 모터의 회전 속도 제어 회로이다. 여기에서 온도가 상승하면 서미스터 저항 R_{Th} 값이 감소하므로 서미스터 양단의 전압도 하강한다. 따라서 상대적인 저항 R_A 양단의 전압 V_I 가 상승하고, 출력 전압 V_0 는 떨어지므로 *달링턴(Darlington) 접속으로 연결된 모터의 속도는 점점 떨어진다. 이와는 반대로 온도 상승시 모터의 속도도 점점 빠르게 동작시키려면 서미스터와 R_A(1kΩ) 저항의 위치를 서로 바꾸어 주면 된다.

> ### *달링턴(Darlington) 접속
>
> 위의 회로에서 TR_2 와 TR_3 의 연결 형태를 말하며 이 접속은 전류 증폭율을 높이는 데 매우 유용한 접속 방식이다.
>
> 여기서, $I_L = (h_{FE2} \times h_{FE3})I_B$ 이다.

2-2-6 OP 앰프 비교기를 사용한 램프 제어 회로

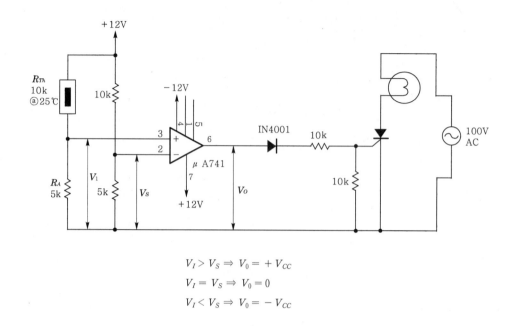

$$V_I > V_S \Rightarrow V_0 = +V_{CC}$$
$$V_I = V_S \Rightarrow V_0 = 0$$
$$V_I < V_S \Rightarrow V_0 = -V_{CC}$$

그림 2-5   OP 앰프 비교기를 사용한 램프 제어 회로

그림 2-5는 서미스터로 검출된 전압을 OP 앰프로 판정하여 앰프를 제어하는 회로이다.

이 회로에서는 $V_S = 4V \{5k \times 12V / (10k + 5k)\}$가 되므로 온도 변화에 따른 V_I에 따라서 램프를 제어할 수 있다. 여기에서 온도가 상승하면 서미스터 저항 R_{Th}값이 감소하므로 서미스터 양단의 전압도 하강한다. 따라서 상대적인 저항 R_A(5k) 양단의 전압 V_I가 증가하므로 $V_I > V_S$(4 V)이 되어, $V_0 = -V_{CC}$(−12 V)이므로 SCR이 차단되고 따라서 램프도 "OFF"가 된다.

반대로 온도가 내려가면 V_I도 감소하므로 $V_I < V_S$(4 V)가 되어, $V_0 = +V_{CC}$(+12 V)이므로 SCR이 도통되고 따라서 램프도 "ON"이 된다. 이와 같이 이 회로를 약간만 활용하면 이 회로 이외에도 여러 가지 응용을 할 수 있다.

2-3 열전대(Thermo-Couple)

2-3-1 열전대의 원리

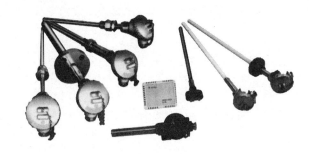

(a) 열전대 모양

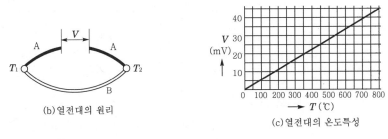

(b) 열전대의 원리

(c) 열전대의 온도특성

그림 2-6 열전대의 모양 및 원리

서미스터는 온도의 변화에 의하여 저항값이 변화하는 것이나 열전대는 온도에 의하여 전압을 발생하는 것이다. 그림의 특성에서 알 수 있는 바와 같이 온도가 상승할수록 큰 전압이 발생하게 된다.

열전대는 재질이 다른 2종류의 도선 A, B를 그림 (b)과 같이 접속하였을 때, 그 2개의 접합부 T_1과 T_2 사이에 온도차가 있으면 그 온도차에 따라서 전압 V가 발생하는 것이다. 이 현상을 발명자의 이름을 취하여 제어벡 효과(Seebeck effect)라고 하며 열전대는 이 현상을 이용한 것이다.

따라서 한편의 접속점(온도 고정 단자)의 온도를 일정하게 유지하도록 하고 다른쪽(온도 측정 단자)을 온도 검출을 하려고 하는 부분에 부착하면 이 2개 단자 사이의 온도차에 따라서 전압이 얻어지며 온도가 검출된다.

열전대는 이와 같이 한편의 접속점을 어떠한 기준의 온도로 고정해야 하는 불편한 점이 있다. 따라서 일반적으로 서미스터를 사용하며 전기 가열로 등과 같은 매우 높은 온도를 측정하는 경우에만 열전대가 사용된다. 그림 (c)는 일반적으로 시장에서 판매되고 있는 열전대에 대한 온도 특성을 나타낸 것이다.(온도 고정 단자는 0℃로 고정하였을 때의 특성임)

2-3-2 열전대의 종류 및 특성

표 2-4 열전대의 종류와 특성

명 칭	소선 성분		사용 온도 범위	특 성
	+ 각(脚)	− 각(脚)		
K (CA)	크로멜 (니켈·크롬)	알루멜 (니켈·알루미늄)	−200〜+1000℃ (+1200℃)	기전력의 직선성이 좋고, 산화성 분위기에 적합, 금속 증기에 강하다.
J (CRC)	크로멜 (니켈·크롬)	콘스탄탄 (니켈·동)	−200〜+700℃ (+800℃)	K열전대보다 싸고, 열전능(熱電能)이 크고, 비자성이다.
E (IC)	철	콘스탄탄 (니켈·동)	−200〜+600℃ (800℃)	싸고, 열전능이 다소 크다. 열전력의 직선성이 양호하고 환원성 분위기에 적합. 특성 품질의 변동이 크고, 녹에 약하다
T (CC)	동	콘스탄탄 (니켈·동)	−200〜+300℃ (+350℃)	싸고, 저온 특성이 좋다. 열전대로 적합, 산화성 분위기에 적합, 열전도 오차가 크다.
R (PR)	백금·로듐 13% (백금·로듐 12.8%)	백금	0〜+1400℃ (+1600℃)	안정성이 좋고, 표준 열전대로 적합, 산화성 분위기에 강하고, 산소·금속 증기에 약하다. 열전능이 작다.
S(—)	백금·로듐 10%	백금		
텅스텐·레늄 51 텅스텐·레늄 26	텅스텐·레늄 5%	텅스텐·레늄 26%	0〜+2400℃ (+3000℃)	환원성 분위기·불활성 가스·수소가스에 적합, 열전능이 비교적 크다.

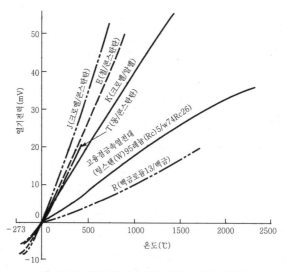

그림 2-7 열전대의 열기 전력−온도 특성

열전대로 사용되는 금속은 고온에 접촉되므로 다음과 같은 조건을 만족해야 한다.
① 내열성이 우수할 것
② 재료가 안정되고 산화나 조직 변화를 일으키기 어려울 것

③ 열기전력이 클 것

④ 가격이 비싸지 않을 것

현재 널리 사용되고 있는 열전대의 종류와 사용 온도 범위, 특성 등을 표 2-4 및 그림 2-7 에 나타내었다.

2-4 측온 저항체

2-4-1 측온 저항체 모양과 금속의 저항률

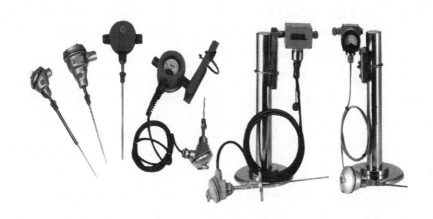

그림 2-8 측온 저항체

그림 2-8에는 측온 저항체의 여러 가지 형태를 보여 주고 있다.

금속의 저항률 ρ는 온도 t에 거의 비례하는 것을 알 수 있다. 이것을 식으로 표시하면

$$\rho \propto 1 + at$$

가 된다. 비례 정수를 ρ_0라 하면 위의 식은

$$\rho = \rho_0(1 + at)$$

가 된다. 이 식에 의하면 ρ_0는 $t = 0(℃)$일 때에 ρ의 값이다.

여기서 a는 저항 온도 계수이다.

또한, 금속체의 길이 l이나 단면적 S가 온도에 의하여 변하는 양은 적으므로, 이것을 무시하고 위의 식 $\rho = \rho_0(1 + at)$의 양변에 l/A를 곱하여 〔$R = (l/A) \cdot \rho$이므로〕 저항 R로 표현하면

$$R = R_0(1 + \alpha t)$$

가 된다. R_0는 $t = 0(℃)$일 때의 저항이다.

2-4-2 백금 측온 저항체의 특징

백금 측온 저항체는 접촉 방식 외에 다른 온도 센서에 비하여 다음과 같은 특징이 있다.

· 감도가 크다. 0℃에서 100 Ω의 백금 측온 저항체는 1℃당 저항값은 0.4 Ω 변화한다. 여기에 2mA의 전류를 흘리면 약 800 μV의 전압 출력 변화가 얻어지고 K 열전대 1℃당의 열기전력 변화가 40 μV로 되는 것에 비해서 1자리 이상 크다.

· 안정도가 높다. 좋은 환경에서 사용하면 장기간에 있어서 0.1℃ 단위에서 좋은 안정도를 기대할 수 있고, 정밀 측정에서는 0.01℃ 단위에서 좋은 안정도를 얻을 수 있다.

· 온도와 저항의 관계가 확립되어 있어서 직선적으로 변화한다.

· 저항값을 읽는 즉시, 온도를 구할 수 있고 열전대와 같은 기준 접점 등은 불필요하다.

· 반면에 저항값 변화를 구하기 위해 정전류 전원이 필요하다.

· 저항 소자는 형상이 크고 응답이 느리다. 따라서 좁은 장소의 온도 측정에는 적합하지 않다. 그러나 가공·조립 기술의 발달에 따라 최근에는 1 mm ϕ 정도의 소형 저항 소자가 개발되어 있다.

· 저항 소자가 $R_{100}/R_0 = 1.3916$인 경우, 최고 사용 온도는 500~600℃로 낮다.

· 가는 저항선을 사용한 구조상, 일반적인 기계적 진동이나 충격에는 약하다. 그러나 최근에는 내진동형의 온도 측정 소자도 여러 가지가 개발되어 있다.

2-4-3 결선 방식

측온 저항체를 1변으로 하는 브리지의 결선 방식에는 측온 저항체를 브리지에 접속하는 도선 방식에 의해 4선식, 3선식, 2선식의 3가지 방식이 있다. 이중에 4선식은 표준 저항 온도계의 교정 등 특히, 고정밀도로 저항값의 변화를 측정하는 데 사용된다. 공업 계측에 있어서는 3선식이 가장 많이 사용된다.

· 〔3선식 결선〕

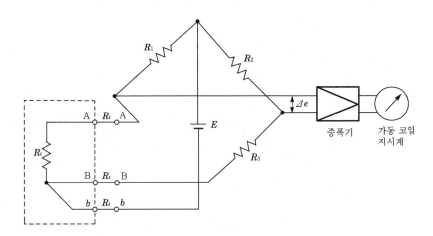

그림 2-9   3선식 결선의 예

그림 2-9에 3선식 결선의 예를 나타내었다.

측온 저항체와 브리지, 자동 평형 계기, 가동 코일형 계기, 디지털 온도계, 저항식 온도 변환기 등의 측정 회로와의 사이를 3개의 도선에 의해 결선하는 방식이다.

그림 2-9에 있어서 브리지의 불평형 전압 Δe는

$$\Delta e = \frac{R_2R_t - R_1R_3 + (R_2 - R_t)R_1}{(R_1 - R_t)(R_2 + R_3) + 2(R_1 + R_2 + R_3 + R_t)R_t + 3R_t{}^2} E \cdots\cdots\cdots (2.1)$$

으로 실제의 회로 설계에서는 도선 저항 R_t의 영향을 적게 받기 때문에 $R_1 = R_2(= R_0)$로 되어 브리지의 저항값을 선택한다.

따라서 식 (2.1)를 식 (2.2)로 나타내면

$$\Delta e = \frac{R_0(R_t - R_3)}{(R_0 - R_t)(R_0 + R_3) + 2(2R_0 + R_3 + R_t)R_t + 3R_t{}^2} E \cdots\cdots\cdots\cdots (2.2)$$

여기에서 R_0의 값을 1kΩ으로 하고 R_t 100 Ω의 측온 저항체를 사용하여 측정범위 0~100 ℃를 측정하는 경우에 있어서 동도선 저항값 영향의 산출 결과는 그림 2-10과 같다.

보통, 도선 저항값 R_t는 10 Ω 이하이므로 주위 온도의 변화에 의한 R_t의 변동이 측정 정밀도에 미치는 영향은 0.2 %/10℃ 이하로 매우 작다. 즉, 3선식에 있어서는 측온 저항체의 내부도선 및 도선의 주변 온도 변화에 의한 저항값 변화가 일어나도 온도 지시 오차를 작게 할 수 있는 것을 알 수 있다. 따라서 공업 계측과 같이 측온 저항체와 측정 계기와의 사이에 배선 거리가 길고 도선 저항의 온도 변화 영향이 문제가 될 때에는 3선식 결선 방식이 적합하다. 단, 이 때의 도선은 3선 모두가 재질, 선지름, 길이, 전기 저항이 같고, 또한 3선간의 같

은 온도 분포가 되도록 배선하지 않으면 안 된다.

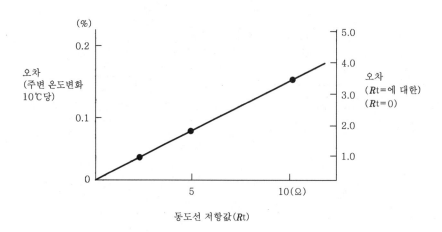

그림 2-10 3선식 결선의 도선 저항의 영향

특히, 측정 브리지의 균형은 어떤 한 점의 R_t의 값으로 얻어지기 때문에 R_t의 변화에 의해 균형으로부터 벗어나게 되므로 R_t의 영향이 크게 된다.

2-5 IC화 온도 센서

2-5-1 IC화 온도 센서의 개요 및 특징

① IC화 온도 센서에는 전류 출력형과 전압 출력형이 있다.
② IC화 온도 센서는 직선성이 좋다.
③ IC화 온도 센서의 측온 범위는 서미스터보다 좁다.
④ IC화 온도 센서의 측온 범위는 −55℃ 정도에서 +150℃ 정도까지이다.
⑤ IC화 온도 센서의 출력 신호는 온도 변화분의 전압(전류)에 대응하고 있다.
⑥ IC화 온도 센서에는 캔 타입과 플라스틱 모드 타입이 있다.
⑦ 플라스틱 패키지는 결로(結露)에 의해 누설 전류의 에러(error)를 수반한다.
⑧ 전류 출력 타입은 넓은 전압 범위(+4~+30 V의 범위)에서 사용할 수 있다.
⑨ IC화 온도 센서는 일반적으로 직선성이 좋고, 외부 보정을 필요로 하지 않는다.
⑩ 전압 출력형 IC화 온도 센서는 일반적으로 출력 레벨이 높다.
⑪ 측온 범위가 좁은(−20℃~+100℃의 범위) 경우는 서미스터보다 IC화 온도 센서가 좋다.

IC화 온도 센서는 실리콘 트랜지스터의 온도 의존성을 적극적으로 응용한 것이다. 이것은 베이스−이미터간의 전압(V_{BE})이 온도 변화에 대해서 거의 직선적으로 변화하는 현상을 효과적으로 응용한 것이다. 또한, 이 특성은 트랜지스터 외에 다이오드의 순방향 전압 V_F에도 공통된 것이다.

그런데 온도 센서라고 하면 종래 서미스터와 백금 저항 측온체가 일반적이지만, 이것들은 모두 외부에 선형화(linearize) 기법을 필요로 하고, 대부분 사용하기 불편한 것이었다.

그것에 비해 최근의 IC화 온도 센서는 여러 가지 신호 회로와 감온(感溫) 소자가 일체화되어 있어 외부에서의 회로 조작을 거의 필요로 하지 않는다. 따라서, 상당히 특수한 온도 계측을 하지 않는 한 IC화 온도 센서의 이용이 바람직하다.

특히, 전류 출력형(AD590)은 $-55\,℃$에서 $+150\,℃$로 매우 광범위한 온도 측정이 가능하다.

2-5-2 AD592를 사용한 간단한 온도계

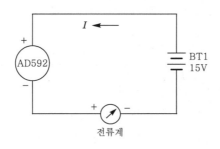

그림 2-11 AD592를 사용한 간단한 온도계

그림 2-11은 IC화 온도 센서 AD592와 $500\,\mu A$의 미소 전류계를 조합한 간단한 온도계이다. 여기에서 AD592의 온도 출력은 $25\,℃$에서 $298.2\,\mu A$, 온도계수는 $1\,\mu A/℃$이므로 이것에 $500\,\mu A$ 풀 스케일의 미소 전류계를 접속하면 전류값을 그대로 온도 변화로서 읽을 수 있다. 또 IC의 능력으로서는 $-$측은 $-30\,℃$ 정도에서 부터 $+$측은 $100\,℃$ 정도이다. 캔(can) 타입의 패키지이면 더욱 그 범위를 넓힐 수 있다. 다만, 측온 범위가 넓어지면 교정 오차도 확대되므로 그 경우는 AD 590을 사용하는 것이 바람직하다. IC화 온도 센서는 일반적으로 $-55\,℃$에서 $+150\,℃$가 그 한계이다.

2-5-3 AD590을 이용한 1점 조정법 전압 출력 회로(1mV/K)

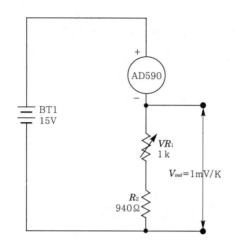

그림 2-12 1점 조정법 전압 출력 회로

그림 2-12는 IC화 온도 센서 AD590을 사용하여 온도계를 구성한 경우로서, 소자의 불균형에 따라 다소의 온도 오차를 수반한다. 이 경우 외부 저항을 조절함으로써 보정을 행할 수 있다. 이것에는 1점 조정법과 2점 조정법이 있다.

그림 2-12는 1점 조정법이다. 여기에서는 IC화 온도 센서 AD590의 외부 저항을 가변하여 그 출력이 1mV/K가 되도록 약간 조정하고 있다.

또한 AD590에는 오차의 등급에 따라 콘덴서와 유사한 J 타입($\pm5\text{℃}_{max}$), K 타입($\pm2.5\text{℃}_{max}$), L 타입($\pm1\text{℃}_{max}$), M 타입($\pm0.5\text{℃}_{max}$) 등이 있다.

2-5-4 AD590을 이용한 2점 조정법 전압 출력 회로(0.1mV/K)

그림 2-13은 IC화 온도 센서 AD590을 사용하고 게다가 높은 정밀도를 요구하는 경우로서 OP앰프를 병용한 2점 조정법에 의한 전압 출력 회로이다. 여기에서는 VR_1에 의해서 0℃의 출력 전압을 0 V로 조정하고, 또한 VR_2에 의해서 100℃의 전압을 10 V로 조정하고 있다. 결국 그림 2-13의 회로 예에서는 0℃ 0V, 100℃ 10V의 온도계를 구성하고 있다.

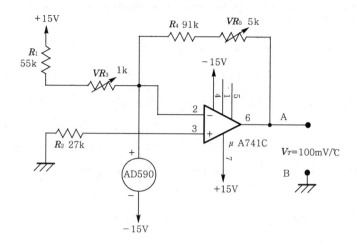

그림 2-13 2점 조정법 전압 출력 회로

2-5-5 온도 조절 회로

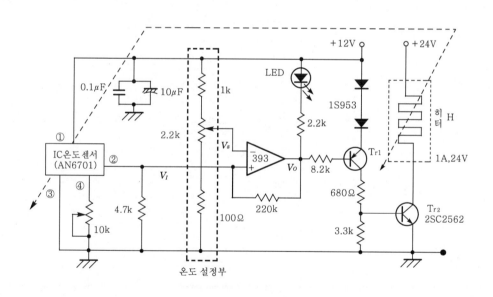

그림 2-14 온도 조절 회로

그림 2-14는 온도 조절 회로이다. 여기에서는 측온 센서(AN6701), 비교기(comparator)용 IC(393), 전력 증폭부(Tr), 구동부 히터(heater) 등을 각각 사용하고 있다.

회로 동작을 설명하면, 처음에 온도 설정부 S에서 받은 기준 전압 V_S와 측정 입력 전압 V_I의 관계가 $V_I < V_S$인 경우, 비교기용 IC(393)의 출력 전압 V_0는 $-V_{CC}$가 되어 Tr$_1$

과 파워 트랜지스터 Tr_2는 도통(ON)되어 히터 H를 가열한다.

다음에 $V_I > V_S$의 관계가 될 경우, 이번에는 비교기용 IC(393)의 출력 전압 V_0는 $+V_{CC}$가 되어 Tr_1과 Tr_2가 차단(OFF)되고 히터 H의 가열은 정지한다. 이 동작은 설정 전압 V_S를 중심으로 ON/OFF가 적절히 반복되고, 최종적으로는 설정 전압 $V_S \simeq V_I$에 도달한다.

이것이 온도 조절 회로의 기본형이며, 여러 가지 온도 제어계에 폭넓게 이용되고 있다. 그림 중의 LED는 히터 동작 표시용이고, 이것에 의해서 히터 의 가열 동작 여부를 확인하고 있다.

또한 이 회로는 비교기 회로에 약간의 히스테리시스 특성을 갖게 하여, 스위칭 동작이 확실히 되도록 도와주고 있다.

3

광 센서

3-1 광 센서의 개요

광 센서란 자외광에서 적외광까지의 광파장 영역의 광선을 검지하여 이것을 전기 신호로 출력하는 전자 소자의 총칭으로 포토 센서라고도 한다. 그림 3-1에 광 센서의 분류를 나타내었다. 광 센서는 광(광량)의 검출을 목적으로 하는 수광 소자와 광을 사용하여 다른 물리량을 측정하는 광복합 센서로 분류된다. 수광 소자는 그 검출 원리에서 광도전 소자와 광기전력 소자로 분류된다. 포토 컬러를 검출하는 센서와 광원과 수광 디바이스를 일체화하여 위치 및 물체를 검지하는 것이 주류를 이루고 있다. 최근에는 광섬유를 이용한 센서도 출현하여 광 센서는 더욱 다양화 되고 있다.

광 센서의 원리에는 광도전 효과, 광기전력 효과, 광전자 방출 효과 등의 광전 변환 효과가 이용되고 있다.

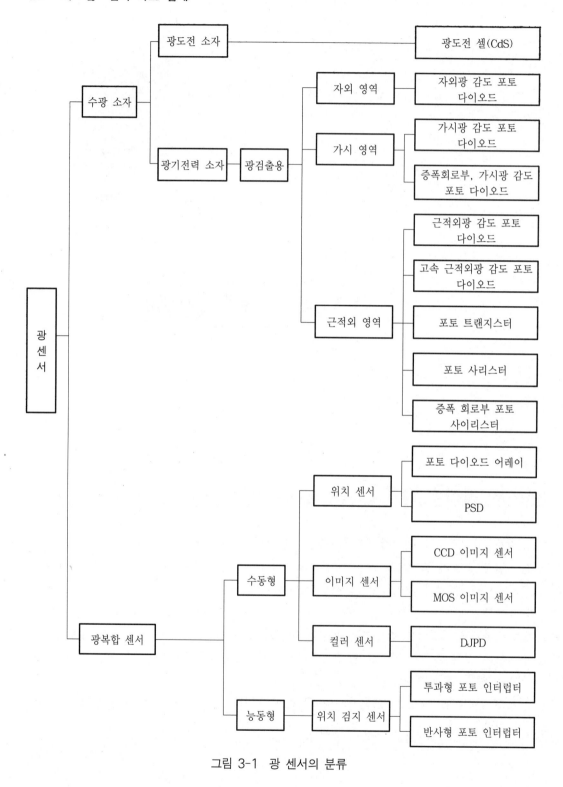

그림 3-1 광 센서의 분류

(1) 광도전 효과형 광 센서

반도체에 빛이 닿으면 자유 전자와 자유 정공이 증가하고 광량에 비례하는 전류 증감(반도체의 저항 변화)가 일어나는 현상(광도전 효과)을 이용한 광 센서이다. 카메라의 조도계로서 오래전부터 알려져 있는 황화카드뮴 광센서가 대표적인 예이다. 광도전 물질을 이용한 촬상관도 이 분야에 포함된다.

(2) 광기전력 효과형 광 센서

대표적인 센서는 포토 다이오드이다. Si 단결정을 기판으로서 열확산법에 의해 기판과 극성이 다른 불순물을 도핑하는 것에 의해 PN 접합을 형성한 반도체 소자이다. 빛이 PN 접합에 조사되면 전자·전공쌍이 다수 발생하며 전극 간에 기전력이 발생한다. 이 센서는 인가 전압을 필요로 하지 않으므로 이용법이 간단하다. 태양 전지도 이 효과를 이용한 것이다. 포토 트랜지스터, 광 사이리스터, VTR 카메라에 사용되고 있는 CCD 이미지 센서의 광 센서부도 이 종류의 광 센서이다.

(3) 복합형 광 센서

발광원으로서의 LED와 광 센서로서의 포토 다이오드, 포토 트랜지스터, 광 사이리스터를 일체화한 포토 커플러, 포토 인터럽터 등을 복합형 광 센서라고 부르는 경우가 있다. LED의 고휘도화, 광 센서의 저잡음화, IC화가 진행되어 복합형 광 센서도 고정밀도·고성능화를 도모하고 있다.

3-2 포토 다이오드

3-2-1 포토 다이오드의 개요

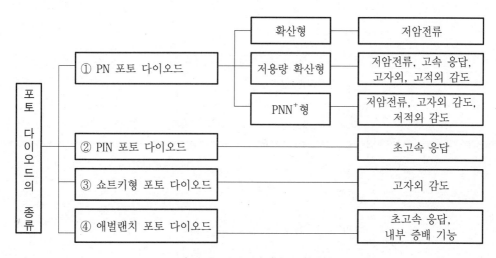

그림 3-2 포토 다이오드의 종류

포토 다이오드는 반도체의 PN 접합 부분에 광에너지를 쪼여서 이루어진 것으로 일반적으로 실리콘이 그 소재로서 이용되고 있다. 그 내부 구조는 반도체의 PN 접합(junction)을 기본으로 여러 가지 물성적인 연구가 되어 있어 응답 특성이나 검출 파장 대역을 적절히 구분해서 사용하고 있다. 그림 3-2는 이러한 관계를 종합해 놓은 것이다.

그리고 표 3-1은 포토 다이오드의 장·단점을 나타내고 있다.

표 3-1 포토 다이오드의 특징

장 점	단 점
· 입사광에 대한 선형성이 좋다. · 응답 특성이 좋다. · 파장 감도가 넓다. · 잡음이 적다. · 소형, 경량이다.	· 출력 전류가 적다. 　(TR, IC 등의 증폭기 필요)

3-2-2 포토 다이오드 기본 회로

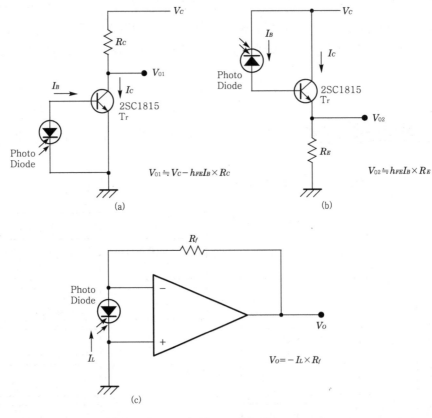

$$V_{01} ≒ V_C - h_{FE}I_B \times R_C$$

$$V_{02} ≒ h_{FE}I_B \times R_E$$

$$V_O = -I_L \times R_f$$

그림 3-3 포토 다이오드 기본 회로

광 센서로서 포토 다이오드를 사용하고, 증폭 소자로서 트랜지스터를 사용한 회로 예를 그림 3-3 (a), (b)에 나타내었다. 포토 다이오드에 입사광이 조사되어 흐르는 광전류가 I_B로 되면 이것이 트랜지스터의 베이스 전류가 된다. 따라서, 트랜지스터 Tr의 컬렉터 전류 I_c(늑이미터 전류 I_E)는

$$I_C \fallingdotseq h_{FE} \cdot I_B$$

이기 때문에 그림 3-3 (a), (b) 각각의 출력 전압 V_{01}, V_{02}는

$$V_{01} \fallingdotseq V_C - (I_C \times R_C) = V_C - (h_{FE} \cdot I_B \times R_C)$$

$$V_{02} \fallingdotseq h_{FE} \times I_B \times R_E$$

로 된다. 여기서 h_{FE} 는 트랜지스터의 전류 증폭률이다. 또한 증폭 소자로서 OP 앰프를 사용한 회로 예를 그림 3-3 (c)에 나타내었다. 그림 3-3 (c)의 경우 포토 다이오드에 광을 비추어 흐르는 광전류를 I_L이라 하면 귀환 저항이 R_f이므로 출력 전압 V_0는 $V_0 \fallingdotseq -I_L \times R_f$로 된다.

3-3 포토 트랜지스터

3-3-1 포토 트랜지스터 기본 회로

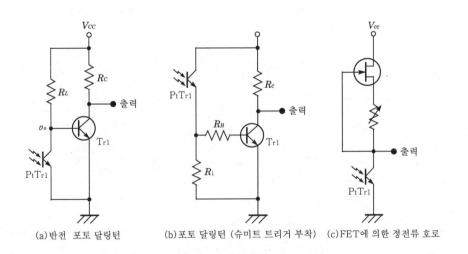

(a)반전 포토 달링턴 (b)포토 달링턴 (슈미트 트리거 부착) (c)FET에 의한 정전류 호로

그림 3-4 포토 트랜지스터의 기본 회로

포토 트랜지스터는 포토 다이오드와 트랜지스터를 조합시킨 것으로 신호 출력도 크지만, 특히 이것을 증폭하는 경우의 기본 회로 예를 그림 3-4에 나타내었다. 그림 3-4 (a)는 입사광이 들어가면 출력 전압 v_0가 Low("L") 레벨로 되고, (b)는 그 반대로 High("H") 레벨이 된다. 이와 같은 2단자의 포토 트랜지스터는 베이스가 전기적으로 공백이기 때문에 광 바이어스에

의해 귀환이 걸리지 않고 이미터 플로어 동작은 하지 않는다. 따라서 (a), (b)가 동시에 출력 전압 v_0의 극성이 반전할 뿐, 기본 동작은 같다. 그러나 (a)의 출력 전압 v_0가 포토 트랜지스터 PtTr$_1$의 ON 전압 $V_{CE(ON)}$과 다음 단의 트랜지스터 Tr$_1$의 ON 전압 $V_{CE(ON)}$의 2개의 전압으로 결정되는 것에 반하여 (b)에서는 v_0는 R_B와 R_L의 값에 따라서 변화시킬 수가 있다. 따라서 (b)가 트랜지스터 Tr$_1$의 스위칭 레벨을 가변시켜 회로 설계의 자유도가 크게 된다. 특히, 신호 대 잡음비(S/N)를 향상시키기 위해서 포토 트랜지스터의 후단에 슈미트 트리거 회로를 접속하였고 그림 3-4 (c)와 같이 포토 트랜지스터의 부하로서 FET에 의한 정전류 회로를 사용한 것도 있다.

3-3-2 IC와의 조합 회로

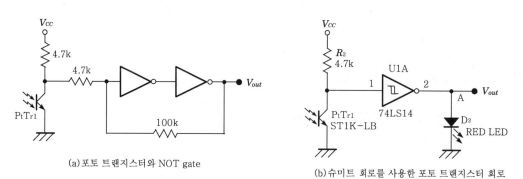

(a)포토 트랜지스터와 NOT gate

(b)슈미트 회로를 사용한 포토 트랜지스터 회로

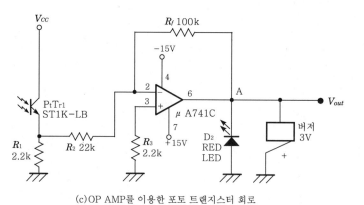

(c)OP AMP를 이용한 포토 트랜지스터 회로

그림 3-5 IC와의 조합 회로

　포토 트랜지스터는 그 자체가 큰 증폭 작용을 지니고 있기는 하나, IC 등의 액티브 소자를 병용하면 그 성능을 크게 개선할 수 있다.

　그림 3-5 (a)는 포토 트랜지스터와 NOT 게이트 IC의 조합이며, 여기에서는 NOT 게이트를 2개 사용한 슈미트 회로(Schmidt circuit)를 구성하고 있다. 슈미트 회로는 급격히 상승하는 특성(히스테리시스(hysteresis) 특성)을 갖고 있기 때문에 내잡음성에 뛰어나다. 그래서 여러 종류의 디지털 회로의 인터페이스(interface) 회로에 이용되고 있다. 그림 3-5 (b)는 포토 트

랜지스터와 이미 만들어진 슈미트 회로와의 조합이고, 앞의 (a)를 간략하게 한 것이라고 볼 수 있다. 따라서 (a), (b)는 모두 같은 것으로 취급할 수 있다.

그림 3-5 (c)는 OP 앰프를 이용한 포토 트랜지스터 회로이다. 여기에서는 이미터의 출력 전압을 그대로 OP 앰프로 증폭하고 있다. 이 회로의 이득(gain)은 입력 저항 R_2와 귀환 저항 R_f의 비로 결정된다.

즉, $V_{out} = -\dfrac{R_f}{R_2} V_i$

3-3-3 광 신호에 의한 모터의 ON/OFF 제어 회로

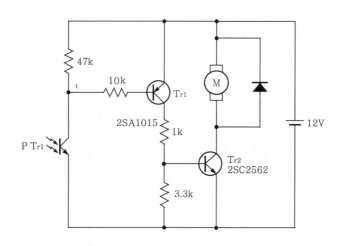

그림 3-6 광 신호에 의한 모터의 ON/OFF 제어 회로

그림 3-6은 광 입력에 의한 DC 모터의 ON/OFF 제어 회로이다. 여기에서는 포토 트랜지스터 외에 중간 단의 소신호 증폭용 트랜지스터(Tr_1), 후단의 NPN 파워 트랜지스터(Tr_2)가 각각 설치되어 있다. 이 회로의 동작은 포토 트랜지스터의 도통으로 모터가 회전한다. 또 이 회로의 예에서는 모터를 구동하고 있으나 2A 이상의 부하가 걸리는 경우에는 릴레이 등을 사용하여 다른 용도에도 적용이 가능할 것이다.

3-4 포토 IC

3-4-1 포토 IC의 개요

포토 IC는 포토 다이오드와 OP 앰프(operational amplifier)를 일체화한 일종의 센서 모듈이라고 할 수 있다. 이것을 좀더 자세히 설명하면, 모듈 내에 포토 다이오드, OP 앰프, 슈미트 회로, 완충 증폭기(buffer amplifier) 그리고 안정화된 전원을 각각 내장한 일체화

(all-in-one)된 포토 센서이다.

그런데 앞에서 언급한 포토 다이오드는 수많은 광 센서 중에서 가장 뛰어난 응답 특성을 지니고 있고, 그 측광(測光) 범위도 넓다. 그러나 이처럼 뛰어난 포토 다이오드도 출력 신호가 극히 미약하기 때문에 소자 단체로 사용되는 일은 거의 없으며, 약간의 증폭 수단을 필요로 한다. 이것을 실용적으로 실현한 것이 포토 IC이고, 그 성질은 포토 다이오드의 응답 특성에 IC의 여러 특성을 가미한 것이라고 생각할 수 있다. 따라서, 포토 IC는 출력 전압이 크고 응답 특성도 뛰어나서 거의 이상형에 가까운 포토 센서라고 할 수 있다.

3-4-2　포토 IC를 사용한 모터의 ON/OFF 제어 회로

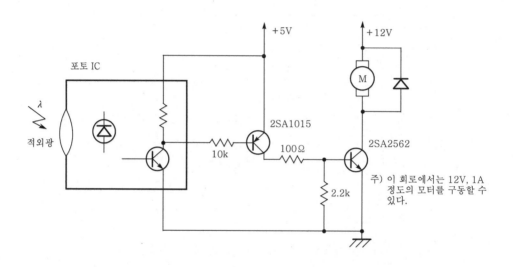

그림 3-7　포토 IC를 사용한 모터의 ON/OFF 제어 회로

그림 3-7은 포토 IC를 사용한 모터의 ON/OFF 제어 회로의 예이다. 여기에서는 빛(적외선)이 입사하면 모터가 구동하도록 구성되어 있다.

이 회로의 예에서는 포토 IC를 사용하고, 그 출력을 소신호의 PNP 트랜지스터로 받아서 다시 파워단의 고압 회로와 인터페이스하고 있다. 이것은 전원 전압이 다른 신호 회로 사이를 능숙하게 결합하기 위한 인터페이스 기법이지만, 2SA1015 대신에 포토 커플러(photo-coupler)를 이용할 수도 있다.

3-4-3 포토 IC를 사용한 고속광 검출 회로

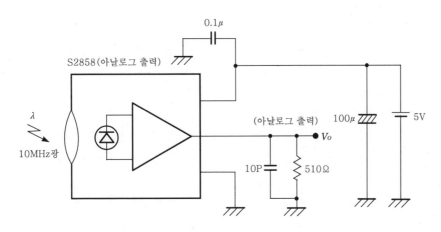

그림 3-8 포토 IC를 사용한 고속광 검출 회로

광통신이나 비디오 신호를 전송할 경우 일반적으로 10MHz 정도의 고속광에 대응하여야 한다. 이 경우에 일반 포토 다이오드에서는 소자의 차단(cut-off) 주파수가 높지 않기 때문에 그 응답에 문제가 있다. 그래서 여기에서는 PIN형 포토 다이오드를 센싱 소자로 한 고속광 검출 회로의 예를 들어 보기로 한다. 그림 3-8은 그 구체적인 예이다. 여기에서 사용되고 있는 센싱 소자 S2858은 기본적 요소를 모두 내장한 일종의 광통신용 IC이다.

그리고 이 IC의 특징은 입력부에 접합 용량이 낮은 PIN형 포토 다이오드를 사용하고 여기에 4.3V의 역바이어스를 걸어 응답의 특성을 현저하게 개선하고 있다는 것이다. 이로 인해 차단 주파수(-3dB)는 표준으로 15MHz까지 달한다. 이 회로의 중요한 용도는 광통신, 비디오 신호의 전송, 그 외 각종 광학식 픽업(pick-up) 등에 사용되고 있다.

3-5 CdS 광도전 소자

3-5-1 개요

CdS 광도전 셀은 황화카드뮴을 주성분으로 한 광도전 소자의 일종이며 조사광(照射光)에 의해 내부 저항이 변화하는 일종의 광저항기라고 볼 수 있다. 따라서 앞의 포토 다이오드나 포토 트랜지스터에 비해 회로적으로는 다루기 쉽고 광 센서이면서 저항기와 동일한 감각으로 사용할 수 있다.

CdS 광도전 셀은 그 성질상 응답 특성이 매우 느려 고속의 광 스위칭에는 부적합하다. 이 때문에 그 용도는 주로 조도가 완만하게 변하는 센싱에 한정된다. 그러나 그 반면에 저항과 똑같은 감각으로 회로 설계를 할 수 있기 때문에 이용 가치가 높은 센서라고 할 수 있다.

3-5-2   CdS 기본 회로

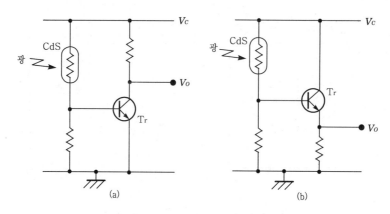

그림 3-9   광도전 셀의 기본 회로

광도전 CdS 셀을 사용하는 경우의 증폭 회로를 그림 3-9 (a), (b)에 나타내었다.

입사광의 강약에 따라서 광도전 셀의 저항이 변하므로 트랜지스터 Tr에 주입되는 베이스 전류가 변한다. 베이 스전류는 약 h_{FE}배 되어 컬렉터 전류로 되므로 출력도 그것에 따라서 큰 출력 전압으로 변화한다.

3-5-3   밝아지면 부저와 LED가 동작하는 회로

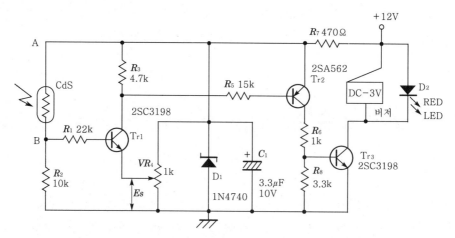

그림 3-10   밝아지면 부저와 LED가 동작하는 회로

그림 3-10은 밝아지면 부저(buzzer)가 울리는 회로의 예이다. 여기에서는 미리 설정해 둔 전압 E_s에 대응하여 그 조도 레벨을 임의로 설정할 수 있으며 이 조작은 가변 저항 R_A로 할 수 있다. 또 입력부는 CdS를 한 변으로 한 브리지(bridge) 회로를 구성하고 있기 때문에

각종 보정(correction) 정보를 입력할 수도 있다.

주요 용도로 각종 방범 장치, 자명종, 광 리모콘 등 여러 가지로 사용될 수 있다. 또, 압전 부저 대신 릴레이를 사용하면 가로등의 자동 점멸기로도 사용할 수 있다.

3-5-4 CdS에 의한 램프의 ON/OFF 제어 회로

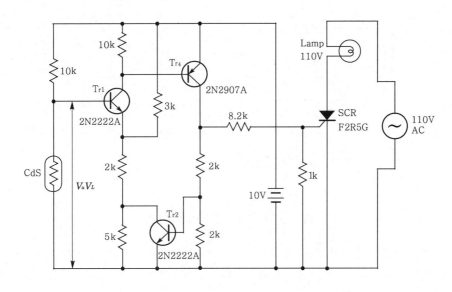

그림 3-11 CdS에 의한 램프의 ON/OFF 제어 회로

그림 3-11은 CdS를 사용한 램프의 ON/OFF 제어 회로의 일례이다. 여기에서 회로 동작을 간단히 설명해 보자. 주위가 어두워지면 CdS 셀의 저항값이 증대되어 ①점의 전압도 올라가고, ①점의 전압이 올라가면 트랜지스터 Tr_1이 도통된다. 이 경우 회로 구성상 Tr_2, Tr_3이 모두 도통되기 때문에 SCR을 구동시켜 램프가 켜진다. 즉, 이 회로에서는 ①점의 전압이 설정 값 이상으로 올라가면 자동으로 램프가 켜지도록 구성되어 있다.

이런 종류의 장치는 옥외의 밝기를 연속적으로 검출하기 때문에 외부 조도가 매우 완만하게 변한다. 따라서, 입력도 완만하게 되고 램프를 점등시키는 조도를 중심으로 어느 범위에서 스위칭 동작이 불안전하게 된다. 이 때문에 슈미트 트리거 회로를 설치하여 적당한 히스테리시스 특성을 갖게 하고 있다. 따라서, 이 회로에서는 설정 조도 근처에서도 램프의 깜빡임 현상은 없다. 여기에서 슈미트 트리거 회로의

$$V_u = \frac{(2k+5k) \times 10V}{3k+2k+5k} + 0.7V = 7.7V, \qquad V_L = \frac{2k \times 10V}{3k+2k} + 0.7V = 4.7V$$

이므로 전압 상승시 ①점의 전압은 7.7V 이상일 때 Tr이 도통되고, 전압이 내려갈 때는 4.7V 이하에서 Tr이 차단되므로 히스테리시스 특성을 갖는다.

3-5-5 아침 기상 알람 회로

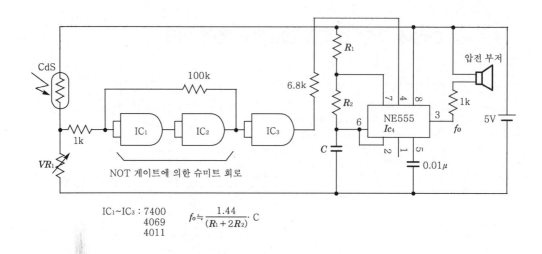

$$IC_1 \sim IC_3 : 7400 \\ 4069 \\ 4011 \qquad f_o \fallingdotseq \frac{1.44}{(R_1 + 2R_2)} \cdot C$$

그림 3-12 아침 기상 알람 회로

그림 3-12는 CdS 셀을 이용해 잠을 깨우는 알람(alarm) 회로의 일례이다. 이 회로는 CdS 셀의 저항 변화를 슈미트 회로로 잡아서 다시 그 출력으로 그 다음 단의 프리 러닝(free running) 멀티 바이브레이터를 작동하고 있다.

그림 중의 압전 부저는 알람용이고, 이것에 의해 광 센서로의 입사광 유무를 확인할 수 있다. 사용법으로는 여러 가지가 있으나, 아침이 되면 부저가 울려 잠을 깨우는 알람, 광(光) 빔이 비치면 울리기 시작하는 광선총의 타깃(target), 그 외 앨범, 책, 서랍 등을 열면 자동적으로 울리게 되는 차임(chime) 장치도 있다. 이들은 모두 설정 조도값이 다르지만 그림 중의 가변 저항 VR_1를 적절히 조정해서 임의의 조도 레벨로 스위칭을 할 수 있다.

3-6 포토 인터럽터

3-6-1 개요

포토 커플러는 빛을 매체로 한 신호 전달 장치의 총칭이며, 종류도 여러 가지가 있다. 예를 들면, 회로 간의 인터페이스로 사용되는 포토 커플러, 자동화 기기 등의 위치 결정에 사용되는 포토 커플러(포토 인터럽터), 그리고 샤프트형 인코더(encoder)에 사용되는 포토 커플러(포토 인터럽터) 등이 있다.

또한, 포토 커플러의 구성 요소에 따라서도 여러 가지 조합이 있고, 이들은 요구되는 정밀도나 사용 목적에 따라 적절히 사용된다.

3-6-2 포토 인터럽터 기본 회로

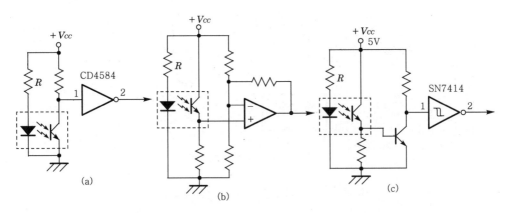

그림 3-13 포토 인터럽터 기본 회로

포토 인터럽터 기본 회로를 그림 3-13에 나타내었다. 포토 인터럽터는 발광 소자가 LED,
수광 소자는 포토 트랜지스터가 대부분이므로 그림 3-4에서 설명한 기본 회로의 조합이라고
할 수 있다. 그림 3-10 (a)의 CD4584, 그림 3-13 (c)의 SN7414는 모두 슈미트 트리거 IC로서
출력 파형을 깨끗한 방형파로 하기 위한 것이다.

3-6-3 이미터 출력 형식 포토 인터럽터 회로

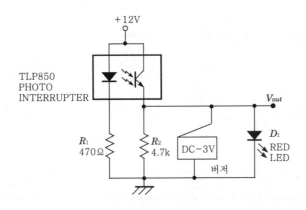

그림 3-14 이미터 출력 형식 포토 인터럽터 회로

그림 3-14는 포토 인터럽터를 사용한 포토 센서 회로의 예이다. 여기에서는 이미터 출력 형
식으로 되어 있다. 성능적으로 컬렉터 출력 형식과 별 차이는 없지만, 회로 구성상 전압 이용
률이 다소 저하되고 입사광과 출력 신호가 같은 위상이며 GND를 기준으로 신호 출력을 끄집
어 낼 수 있다. 응답 주파수는 수십 kHz 정도로 컬렉터 출력 형식과 거의 같으나 이것은 베
이스 레벨이 정해져 있지 않으므로 완전한 이미터 폴로워로 되지 않기 때문이다.

3-6-4 출력이 큰 포토 인터럽터 회로

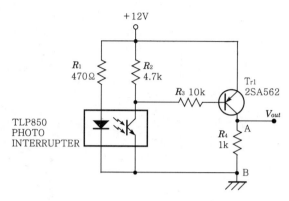

그림 3-15 출력이 큰 포토 인터럽터 회로

그림 3-15는 컬렉터 출력 형식의 포토 센서 회로에 PNP 트랜지스터를 추가한 것이고 이에 의해서 포토 트랜지스터의 출력 전압을 증폭한다. 이 회로에서는 포토 트랜지스터에 빛이 비치면 출력 단자 V_0는 H 레벨로 된다. 즉, 그림 3-14 이미터 출력 형식과 동일하게 취급할 수 있다. 또한 이 회로에서는 수십 mA 정도의 소형 릴레이를 직접 구동할 수 있기 때문에 활용도가 높은 회로라고 할 수 있다.

3-6-5 물체의 이동 방향, 속도 검출 회로

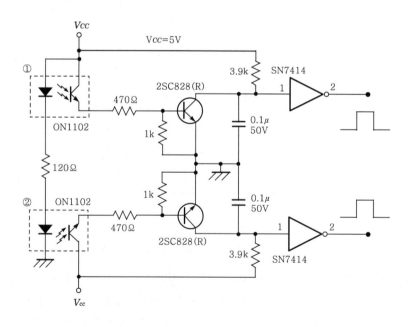

그림 3-16 물체 이동 방향, 속도 검출 회로

종이나 금속이 이동할 때 이들 이동 방향이나 속도를 2개의 포토 인터럽터를 사용하여 검출할 수 있다. 그림 3-16에 나타낸 바와 같이 포토 인터럽터 ①, ②중에 어느 쪽이 먼저 광차단이 있었는가에 따라서 물체의 이동 방향을 알 수 있다. 첫 번째의 포토 인터럽터의 반응이 있었으므로 두 번째의 포토 인터럽터의 반응이 있을 때까지의 시간에서 이동 속도를 알 수 있다. (①~②간의 거리는 일정하므로) 속도 산출 회로는 그림 3-16의 후단에 연결된다.

3-7 광전식 로터리 인코더

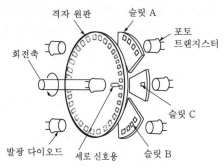

(a) 로터리 인코더 구성 개념도(인크리멘탈식)

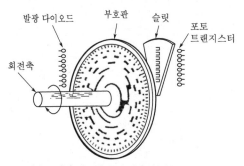

(b) 로터리 인코더 구성 개략도(업솔루트식)

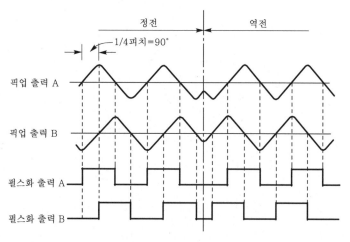

(c)인크리멘탈식 로터리 인코더의 출력파형

그림 3-17 광전식 로터리 인코더

회전하는 물체가 있을 경우, 로터리 인코더를 사용하면 정확한 회전각을 알 수 있다. 로터리 인코더에는 LED와 광 센서를 사용한 광전식, 자석과 자기 센서를 사용한 자기식의 2종류가 있다. 로터리 인코더를 사용하면 회전각은 물론, 단위 시간당 이동량으로부터 회전 속도 (회전수)를 검지할 수 있다. 특히, 직선 방향 이동을 회전 방향 이동으로 변환하는 어떤 기구 를 병용하면 직선 방향의 리니어 스케일(linear scale)로도 된다.

로터리 인코더 구성 개략도를 그림 3-17 (a), (b)에 나타내었다.

로터리 인코더에는 인크리멘털(incremental)식과 업솔루트(absolute)식의 2가지로 분류된 다. 인크리멘털식은 회전에 따라서 그림 3-17 (c)에 나타낸 바와 같이 서로 90° 위상차로 인 한 노이즈가 누적되는 등의 단점이 있다. 한편, 업솔루트식은 회전판의 각 각도=위치, 좌표 에 해당하는 부호(코드)에 구멍이 있으므로 그 부호에 해당하는 출력 신호를 취해낼 수 있어 현재의 절대적인 위치를 알 수 있다. 따라서, 인크리멘털식과 같이 전원 OFF 후 또다시 ON 이 되어도 각도=위치를 잃어 버리는 일은 없다. 반경 방향에 n열의 구멍이 있는 경우 회전각 의 분해능은 $1/2^n$이 된다.

보통, 로터리 인코더의 출력 신호는 TTL IC와 호환성 있는 레벨의 디지털 신호이므로 사용 하기 쉽다. 용도는 XY 플로터, 전자 타이프라이터 등의 정보 기기, 고정밀도 리니어 스케일이 나 전자 저울 등의 계측 기기, XY 테이블, 회전 테이블 등의 공작 기기 등 다방면으로 사용 된다.

3-8 UV 토론(thoron)을 사용한 화재 경보기

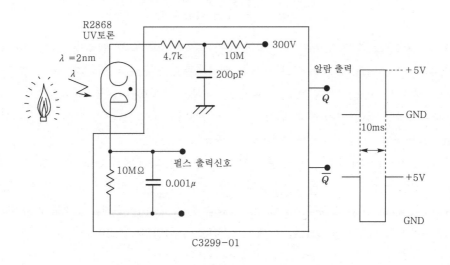

그림 3-18 UV 토론을 사용한 화재 경보기

화재 경보기에도 여러 종류가 있지만, 그 센서 요소로 금속의 광전 효과와 가스 증배 효과 를 이용한 UV 토론(진공관)을 사용한 방법이 있다. UV 토론을 사용하면 반도체 센서처럼 광 학적 가시광 차단 필터를 사용할 필요가 없고, 자체적으로 180~260 mm의 파장 감도를 가지 고 있으므로 불꽃 방출 파장을 고감도로 검출할 수 있기 때문에 최근에는 UV 토론을 센서로 이용한 화재 경보기가 보급되고 있다.

그림 3-18은 UV 토론(R 2868)을 사용한 화재 경보기로 여기에서는 시판 전용의 모듈을 이용하고 있다. 따라서 간단한 회로 구성으로 우수한 화재 경보기를 만들 수 있다.

3-9 컬러 검출 회로

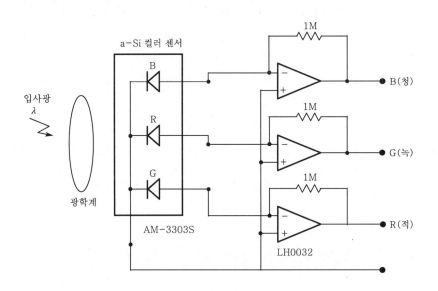

그림 3-19 컬러 검출 회로

컬러 센서는 백색광 속에 포함되는 고유의 파장 대역을 검지하는 일종의 광 센서이다. 여기에는 집적형 컬러 센서와 다층형 컬러 센서가 있다. 중요한 용도는 색(컬러)의 식별용과 비디오 카메라의 화이트(white) 밸런스 조정용이고, 센싱용 소자에는 포토 다이오드가 사용된다. 그림 3-19는 집적형 컬러 검출 회로의 예이다. 여기에서는 시감도(視感度)에 가까운 어모퍼스 (amorphous;비결정질) 실리콘 컬러 센서를 사용했다.

집적형 컬러 센서는 R(적), G(녹), B(청)의 세 가지로 나누어져 단색 센서를 일체화한 것으로, 그 구조는 R, G, B로 분해하는 3장의 컬러 필터와 3개의 실리콘 포토 다이오드로 구성되어 있다. 또, 분광 감도 특성은 R, G, B 모두 똑같이 취급할 수 있기 때문에 색의 삼원색을 적절히 분해해서 중간색을 포함한 12색 이상의 컬러 식별이 가능하다.

3-10 광전 스위치

3-10-1 개요

일반적으로 FA(Factory Automation)에 이용되고 있는 각종 자동 제어 장치에는 사람의 눈에 해당되는 검출부와 두뇌의 역할을 담당하는 제어부 그리고 손, 발의 동작을 맡고 있는 조작부와 같이 3개의 블록으로 구성되어 있는데 이들 중 검출부를 구성하는 중요한 요소로서 검출용 센서를 들 수 있다.

이 검출용 센서에는 응용하는 매체에 따라 여러 가지로 구분되는데 특히 "광"을 매체로서 응용한 것을 포토 센서(광전 센서)라고 부른다. 그리고 포토 센서는 무접촉식 검출 방식으로 동작하여 단일물체의 유무, 물체의 통과여부 뿐만 아니라 물체의 대소, 색차, 명암등을 검출할 수 있다는 것이 대표적인 용도로 되어 있다.

또한 광을 이용한 검출기를 광전자 스위치, 광전 스위치, 빔 스위치 등으로 불러 스위치로서의 개폐 기능을 강조하고 있는 쪽과 포토 센서, 광전 센서, 광전자 센서, 빔 센서 등과 같이 검출기로서의 센서 기능을 강조하여 부르는 쪽이 있지만 통상적으로 전술한 스위치와 센서 기능을 모두다 갖추고 있다고 할 수 있다.

3-10-2 광전 스위치의 특징

① 무접촉식 검출 방식으로 접촉식에 비해 수명이 길다.

발광 다이오드 광원을 사용하기 때문에 무접점 출력의 경우 수명이 반영구적이다.

② 어떤 물체든 검출 대상이 된다.

⑩ 투명 유리, 금속, 플라스틱, 목재, 액체, 기체 등이 있다.

③ 다른 무접촉식 검출 센서에 비해 검출 거리가 길다.

④ 빠른 응답 속도를 얻을 수 있다.

레이저를 이용한 고속 형태는 응답 속도가 $5\mu s$까지 가능하다.

릴레이 부착형인 경우에는 거의 릴레이의 동작 속도로 결정된다.

⑤ 분해능이 높은 검출이 가능하다.

광의 직선성이 우수하고 파장이 짧기 때문에 인간의 눈으로 판단하기 힘든 고정밀도의 검출이 가능하다.

⑥ 검출 범위를 규제하기 쉽다.

렌즈, 반사경과 같은 광학계나 슬릿, 차광판 등에 의해 비교적 간단히 집광, 확산, 굴절이 가능하여 대상 물체나 사용 환경에 대한 검출 범위의 조작이 가능하다.

⑦ 자기(磁氣)나 진동의 영향을 받지 않으므로 안정한 동작을 얻을 수 있다.

⑧ 색의 진한 정도(진하기)의 검출이 가능하다.

다른 검출용 스위치에는 없는 특징으로서 색의 특정 파장에 대한 흡수 작용을 이용하여 수광되는 광의 변화에 의해 색의 판별이나 색의 농도 등을 검출한다.

⑨ 광을 자유로이 구부려 검출하는 것이 가능하다.

광 파이버 센서의 경우 파이버의 휨이 용이하므로 차폐물이나 검출 위치에 관계없이 좁은 장소 혹은 푹 들어간 곳에서도 검출이 가능하다.

(1) 광전 스위치의 결점

① 렌즈면이 기름 등으로 오염되어 불안전한 검출 동작이 일어날 수 있다.

오동작 대비책으로는 정기 점검이 필요하며, 최근에는 렌즈면의 오염을 자기 체크하는 진단 기능이 내장된 센서도 실용화되어 있다.

② 강한 외란광의 영향을 받아 오동작을 하는 경우가 있다.

보통 조명광에는 거의 영향을 받지 않으나 태양광과 같은 강한 외란광이 직접 센서의 수광부에 입사되면 오동작의 원인이 되므로 설치 전 외란광 대책(차폐판, 설치 방향 등) 이 필요하다.

3-10-3 광전 스위치의 용도

표 3-2 광전 스위치의 용도

분　류	용　　　도
통과 검출 계수 존재의 유무	① 합판, 금속판의 검출 ② 자동 개찰기의 통과 검출 ③ 종이, 베의 통과 검출 ④ 입장자수의 계수　 ⑤ 포장 제품의 계수 ⑥ 유리 검출　　　 ⑦ 나사산의 유·무 검출 ⑧ 합판, 금속판의 검출 ⑨ 전자 부품의 계수　 ⑩ 코일 잔량 검출
치수, 위치 결정	① 판, 종이의 정치수 절단　 ② 대차의 정위치 정지 ③ 자동 창고의 위치 결정　 ④ 시트의 모서리 검출 ⑤ 라벨의 위치 결정　　 ⑥ 무인 운반차의 이동 위치 결정 ⑦ 도장 로봇의 위치 결정
안전, 경보	① 프레스 안전용　　 ② 크레인 충돌방지　③ 공장/가정의 방범용 ④ 통과 차량의 높이 제한 ⑤ 엘리베이터, 버스의 승강자 확인 ⑥ 점화 장치의 불꽃 확인 ⑦ 산업용 로봇의 주변 안전용
레벨 검출	① 바이패스관의 액면 검출 ② 탱크 내의 원료 레벨 검출
식별, 분류	① 컨베이어상의 상자를 마크 검출에 의해 분류　② 대소 판별 ③ 색의 농도 판별 ④ FILM 등의 투명 상태 검출
마크검출	① 포장기의 등록상표, 마크 검출 ② 컨베이어상의 물체의 마크 검출

3-10-4 광전 스위치의 분류

(1) 검출 방식에 의한 분류

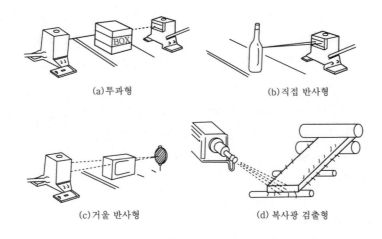

(a)투과형   (b)직접 반사형

(c)거울 반사형   (d) 복사광 검출형

그림 3-20 검출 방식에 의한 분류

① 투과형 : 그림 3-20 (a)와 같이 투광기와 수광기가 서로 분리된 형태로 구성되어 있어 투·수광기 사이의 빛을 차단하면 검출 신호가 발생하는 가장 일반적인 형태의 광전 스위치이다. 투과형의 특징은 검출 거리가 길고, 검출 정밀도와 검출의 신뢰성이 높고 또한 작은 물체나 불투명체도 검출할 수 있다는 것이다.

② 직접 반사형 : 그림 3-20 (b)에서 보는 바와 같이 투·수광부가 일체형으로 된 구조이며 투광기에서 방사된 빛이 검출 물체에 직접 닿아서 거기에서 반사되어 온 빛의 변화를 수광기가 검출함으로써 동작하는 형태이다. 투·수광기 쪽만 배선하면 되므로 배선이 간단하고, 좁은 공간에도 쉽게 설치할 수 있다.

③ 거울 반사형 : 거울 반사형은 리플렉터형(reflector type)이라고 부르기도 하며, 그림 3-20 (c)에서 보는 바와 같이 투광부와 수광부가 일체화된 구조로 되어 있고 검출에는 반사판(mirror)을 사용하고 있다. 투·수광기 쪽만 배선하면 되며, 직접 반사형에 비해서 설정 거리도 5~10배 정도 길고, 광축 맞춤도 훨씬 간편하지만 검출 물체의 표면에 광택이 있으면 오동작을 일으키는 경우가 있으므로 검출 물체의 반사율에 주의할 필요가 있다.

④ 복사광 검출형 : 투광기는 없고 수광기만으로 구성되어 있으며 Hot Metal Detector (HMD)라 불리운다. 뜨거운 철 등에서 나오는 적외선을 검지하여 동작하는 형태이며 대부분 철강 설비용으로 사용된다. 열, 물, 먼지 등이 많은 나쁜 작업 환경에서도 충분히 사용할 수 있도록 되어 있다.

(2) 구성에 의한 분류

① 앰프 내장형 : 투·수광부와 앰프 및 스위칭부가 같은 케이스 내에 들어 있는 형태로

직류 전원을 가하면 ON-OFF 출력을 얻을 수 있으며 노이즈에 강하다. 또 광전 스위치 내부 부품을 사용하지 않고, 케이블을 길게 할 수 있는 등 장점이 많다. 최근의 경향은 간편성 때문에 앰프 내장형이 많이 사용되고 있다.

② 앰프 분리형 : 투·수광기 소자만을 앰프로부터 분리되어 검출부가 소형이며, 감도 조정을 먼 장소에서도 할 수 있다. 투·수광부로부터 앰프까지 배선해야 하므로 앰프 내장형에 비해서 노이즈에 약하며, 전용 앰프 유닛이 필요하다. 검출 헤드가 초소형이므로 공간적인 제약이 있는 곳에 적용하는 경우가 많다.

③ 전원 내장형 : 앰프, 전원, 출력 릴레이, 투·수광 소자 등 동작에 필요한 모든 부분을 모두 내장한 형태이다. 상용 전원만으로 릴레이 접점 출력이 얻어지므로 사용상 매우 간편하다. 그러나 외형이 크고, 검출 정도가 낮기 때문에 단순한 "유무", "통과" 등의 검출에 적합하다.

⑶ 출력 형태에 의한 분류

광전 스위치의 출력 형태는 무접점 출력이 일반적이다. 출력 형태로서는 직류형에서는 물체를 검출한 상태에서 출력이 OFF 되는 노멀 클로즈(Normal Close : NC)형과 물체를 검출한 상태에서 출력이 ON 되는 노멀 오픈(Normal Open : NO)형이 있으므로 제어 회로측과 매칭되는 것을 선정해야 한다. 교류형에도 역시 노멀 오픈형과 노멀 클로즈형이 있으며 부하의 구동 방식에 따라서는 2선식과 3선식이 있다. 2선식은 배선에는 편리하지만 반드시 부하를 직렬로 접속하여 사용하지 않으면 파괴되므로 주의해야 한다.

3-10-5 광전 스위치 선정법

표 3-3 광전 스위치 선정법

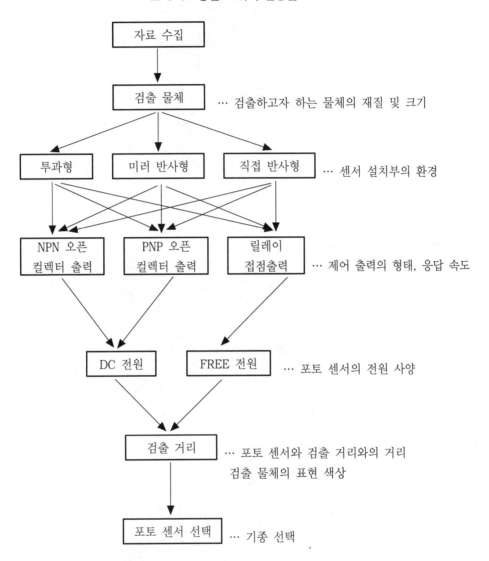

- 자료 수집
- 검출 물체 … 검출하고자 하는 물체의 재질 및 크기
- 투과형 미러 반사형 직접 반사형 … 센서 설치부의 환경
- NPN 오픈 컬렉터 출력 PNP 오픈 컬렉터 출력 릴레이 접점출력 … 제어 출력의 형태, 응답 속도
- DC 전원 FREE 전원 … 포토 센서의 전원 사양
- 검출 거리 … 포토 센서와 검출 거리와의 거리 검출 물체의 표현 색상
- 포토 센서 선택 … 기종 선택

3-10-6 광전 스위치의 응용 예

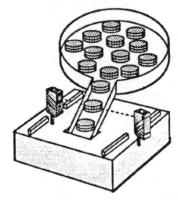

(a) 좁은 통로 사이로 이동되는 물체의 통과 여부 확인

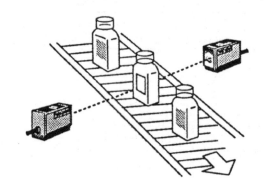

(b) 투명병의 라벨 부착 유무 검출

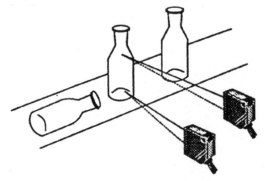

(c) 병 이송 라인에서 병의 넘어짐 검출

그림 3-21 광전 스위치 응용 예(1)

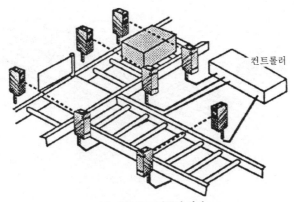

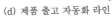

(d) 제품 출고 자동화 라인

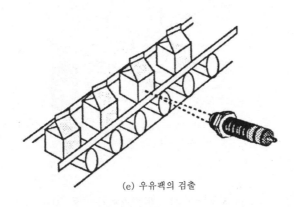

(e) 우유팩의 검출

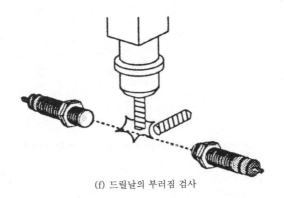

(f) 드릴날의 부러짐 검사

그림 3-21(계속) 광전 스위치 응용 예(2)

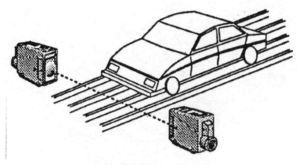

(g) 차량의 통과 유무 검출

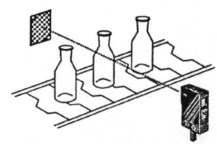

*감도조정이 가능한 미러 반사형 포토 센서 사용
(h) 투명병의 유무 검출

그림 3-21(계속) 광전 스위치 응용 예(3)

3-11 적외선 센서

3-11-1 적외선 센서 개요

표 3-4 적외선 센서의 분류

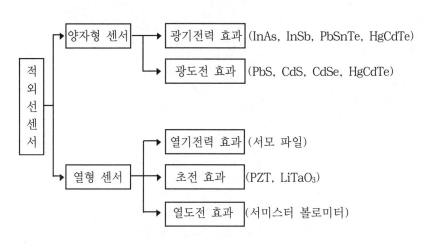

적외선 센서에는 여러가지 종류가 있는데, 일반적으로 양자형과 열형으로 분류된다. 양자형 센서에는 광기전력 효과를 이용한 포토 다이오드, 광도전 효과를 이용한 CdS, PbS 셀 등이 있다.

표 3-4는 적외선 센서의 분류를 종합한 것이다.

열형 적외선 센서의 대표로서 초전 효과가 있는데, 이것은 검출 감도의 파장 의존성이 없고, 센서부의 냉각을 필요로 하지 않는 등 장점을 가지고 있으나, 그 반면 검출 감도가 낮고 응답 특성이 늦은 등의 결점도 있다.

이에 비해 양자형 적외선 센서는 광기전력 효과와 광도전 효과를 이용한 것으로 검출 감도가 높고 응답 속도도 빠른 등 장점을 가지고 있다. 그러나 그 반면 검출 감도에 파장 의존성이 있고 또한 파장이 긴 원적외선 영역에서는 센서부의 냉각을 필요로 하는 등의 불편함이 있다.

적외선은 가시광 대역 아래에 위치하고 그 성질도 가시광과 비슷하다. 특히 적외선 리모콘, 적외선 포토 인터럽터 등은 780 nm에서 1.5 μm까지 이른바 근적외광 영역을 이용하고 있다. 이 때문에 근적외광용 센서는 가시광으로부터 근적외광 영역까지 파장 감도를 가진 실리콘 포토 다이오드가 주로 이용된다.

3-11-2 적외선 발광 회로와 수광 회로

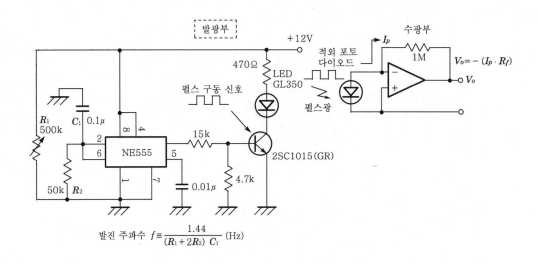

그림 3-22 적외선 발광 회로와 수광 회로

그림 3-22는 적외선 발광 회로와 수광 회로의 조합 회로이다. 여기에서는 적외광 LED로 펄스광을 주어 주위의 외란광과 구별하고 있다. 또 수광부에는 파장 감도가 넓고, 포토 다이오드(S 2386)를 사용하고 있기 때문에 광범위한 신호광에 대응할 수 있다. 주요 용도로는 광 리모콘, 포토 인터럽터 등이 있지만 수광부는 그대로 가시광의 센싱에도 사용할 수 있다.

또한 양자형 적외선 센서인 포토 다이오드는 광 센서와 본질적으로 같기 때문에 그것들의 수광 회로는 공통으로 대부분 사용할 수 있다.

3-11-3 인체가 검지되면 초전 센서에 의해 부저가 울리는 회로

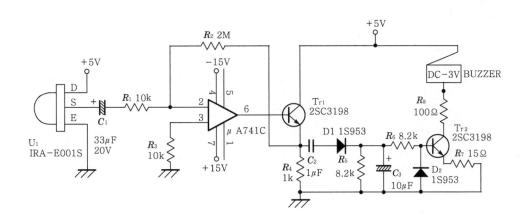

그림 3-23 인체가 검지되면 초전 센서에 의해 부저가 울리는 회로

그림 3-23은 인체가 검지되면 초전 센서에 의해 부저가 울리는 회로이다. 여기에서는 인체의 움직임이 검지되면 부저가 울리도록 구성되어 있다. 이 회로는 초전 센서 IRA-E001S를 사용하여 그 출력을 AC 앰프로 적절하게 증폭하고 다시 정류 회로를 통해 NPN 트랜지스터를 DC로 구동하고 있다. 이 때문에 Tr_2를 구동하는 센서 신호가 있으면 부저를 울릴 수 있다.

그런데 인체 검지용 센서 회로에서는 수 Hz 부근에서 70dB 정도의 앰프 이득을 필요로 하기 때문에 검지 물체의 상황에 따라서 출력 부족이 되는 경우가 있다. 이 때문에 여러 단의 증폭 회로를 설치하여 필요한 이득을 확보하여야 한다. 또한 입력 신호가 아주 미약하기 때문에 광학계에 의한 증폭이 필요하다.

이 종류의 완성품으로서 초전 센서 모듈도 판매되고 있으므로 그것들을 이용해도 좋을 것이다.

자기 센서

4-1 자기 센서의 개요

표 4-1 자기 현상과 자기 센서의 종류

자기 현상(작용)	센서의 종류
전자 유도 작용	자기 헤드, 커런트 트랜스, 타코 제너레이터, 탐색 코일, 마그넷 스케일, 자기 포화 소자, 차동 트랜스, 인덕턴스
전류 자기 효과	자기 트랜지스터, 홀 소자(홀 IC), 마그넷 다이오드, 자기 저항 소자(반도체 MR, 강자성체 MR)
자기 작용(자기흡인 반발작용)	리드 스위치(리드 릴레이), 자침(컴퍼스), 자석, 강자성체
초전도 효과	SQUID(조셉슨 소자)
핵자기 공명	광 펌핑형, 프로톤 공명 자속계
자기·광 작용	제너레이터(광 파이버를 이용한 광 패러데이 효과)
자기·열 작용	서멀 페라이트, 서멀 온도 릴레이

자기(磁氣) 센서는 자기 에너지를 검출 대상으로 한 센서 소자의 총칭이며, 여기에는 전자 유도 작용을 이용한 자기 헤드, 탐색 코일(search coil) 등이 있다. 또, 전류 자기 효과를 응

용한 센서 종류에는 홀(hall) 소자, 자기 저항 소자 등이 있다.

우리들의 일상 생활과 관계 있는 자기 에너지의 레벨은 매우 광범위하지만 일반적으로 자기 센서로 대응할 수 있는 저자장(低磁場)의 검지 능력은 겨우 0.11가우스(1×10^{-6} 테슬라) 정도이다. 그러나 자연계에는 더욱 낮은 레벨의 자계(磁界)도 있으므로 이것을 다룰 필요성도 많아지고 있다.

표 4-1은 다양한 자기 현상과 이것들과 관련된 센서 종류를 나열한 것이다. 여기에는 약간의 자기 현상에 대해 설명하고 있으나, 일반적으로 전자 유도형(電磁誘導型)과 전류 자기 효과형(電流磁氣效果型)의 2종류가 자기 센서의 중심이 된다.

4-2 홀 소자

4-2-1 홀 소자의 개요

표 4-2 자기 센서의 종류

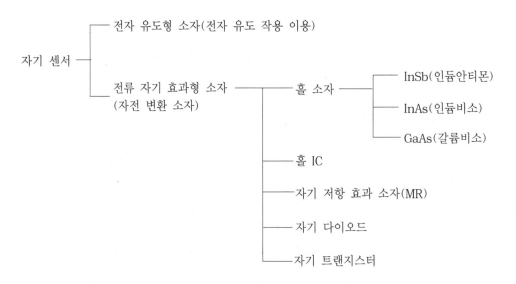

표 4-2는 자기 센서의 종류를 나타내고 있다. 자기 센서에도 종류가 많지만, 크게 두 가지로 나누면 전자 유도형과 전류 자기 효과형으로 구분된다.

그 중에서도 전자 유도형은 센서부에 코일을 설치하여, 패러데이(Faraday) 법칙으로 알려져 있는 전자 유도 작용을 응용한 것이고, 이에 반해 전류 자기 효과형은 센서부에 전자(電子) 이동도가 큰 화합물 반도체 등을 사용한 자전(磁電) 변환 소자이며 그 대표적인 것이 홀 소자이다. 또 홀 소자의 전류 자기 효과를 특히 홀 효과라고 불러 다른 자기 저항 효과와 구별하고 있다.

　홀 소자의 응용 분야를 들어 보면 VTR, 레이저 디스크 플레이어, 카세트 라디오, CD 플레이어 등의 AV 기기의 모터나 FDD, HDD 등의 모터 검출 소자로서 사용되고 있다. 또 홀 소자라 하면 자계 측정용 홀 프로브(hall probe)를 연상하는 경우도 있으며 특히, 전류 검지기, 전류 측정에도 사용되고 있다.

4-2-2　홀 소자의 입력과 출력

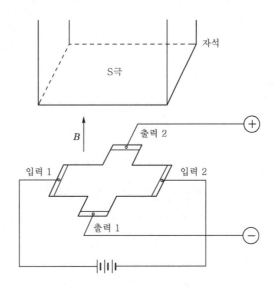

그림 4-1　홀 소자의 입·출력 관계

　홀 소자는 4단자 구성으로 하나의 입력 단자와 또 하나의 출력 단자로 구성되어 있다. 그림 4-1과 같이 입력 단자 1에서 입력 단자 2로 전류를 흘려 위쪽에서 자석에 S극을 가까이 해보자. 출력 단자 1에 전압계의 (+) 입력, 출력 단자 2에 전압계의 (-) 입력을 접속하면 전압계는 -(부)의 전압을 나타낸다.

　다음에, 전류의 방향을 입력 단자 2에서 입력 단자 1로 바꾸어 같은 방법으로 자석의 S극을 위쪽으로 가까이 하면 전압계는 +(정)의 전압을 나타낸다. 즉, 입력 전류의 방향에 따라 출력 단자 간에 발생하는 전압이 정과 부로 반전된다.

　그리고, 자석의 극성을 바꾸어 N극을 위쪽에 가까이 하면 S극을 가까이 한 때와 출력의 정부(+, -)의 관계가 반전된다. 이것은 홀 소자의 기본 특성으로 자계의 방향, 입력 전류의 방향에 따라 출력 전압의 정부(+, -)가 반전하여 자계, 전류 방향을 검출하는 것이다.

4-2-3 정전류 구동 회로

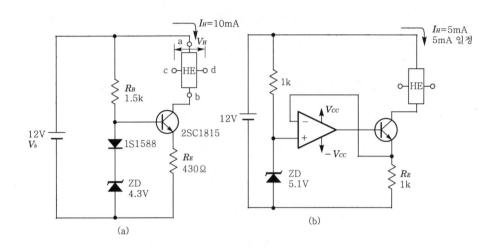

그림 4-2 정전류 구동 회로

그림 4-2는 정전류(定電流) 구동 회로의 일례이다. 여기에서는 홀 소자(HE)에 10 mA 정도의 일정한 전류를 흘렸다. 그 값은 소자의 내부 저항이나 주위 온도가 변화하여도 거의 일정하게 된다. 즉, 홀 소자의 정전류 구동법을 실현하고 있는 것이다.

그러나, 정전류 구동법은 홀 소자의 자기 저항 효과를 억제하는 작용이 있기 때문에 그 취급은 사용 목적이나 요구 정밀도에 맞게 구분하여 사용하여야 한다.

그림 4-2 (b) OP 앰프를 사용한 정전류 회로의 예이다. 여기에서는 기준 전압으로 제너 다이오드 ZD 5.1을 사용하여 이 전압과 저항 R_E 의 값으로 홀 전류를 결정한다.

이 회로에서는 홀 전류(I_H)는 $I_H(\text{mA}) = 5.1\text{V(ZD)} / R_E\,(1\,\text{k}\Omega)$ 으로 산출된다. 이 회로는 트랜지스터가 OP 앰프의 귀환 루프 내에 설치되어 있기 때문에 V_{BE} 의 변동이 흡수되어 그만큼 온도 특성이 향상된다.

4-2-4 정전압 구동 회로

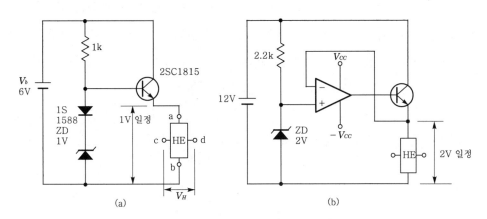

그림 4-3 정전압 구동 회로

그림 4-3 (a)는 정전압(定電壓) 구동 회로의 일례이다. 여기에서는 홀 소자(HE)에 일정한 전압을 가했다. 이 회로의 특징은 홀 전압(InSb 홀 소자인 경우)의 온도 특성이 정전류 구동법에 비해 한자리 정도 개선된 것이나, 이 회로 기법은 갈륨비소(GaAs) 형태에서는 반대 특성으로 되기 때문에 주의하여야 한다.

그림 4-3 (b)는 OP 앰프를 사용한 정전압 구동 회로의 예이다. 여기에서는 기준 전압으로 제너 다이오드(Zener diode)를 사용, 이 전압을 버퍼 앰프(OP 앰프)를 통해서 트랜지스터의 이미터로 공급한다. 따라서 이것은 회로 구성상 홀 소자에 대해 정전압 구동법이 된다. 이 회로는 제너 다이오드 ZD를 적절히 교환함으로써 임의로 전압을 설정할 수 있다.

4-2-5 홀 소자의 증폭 회로

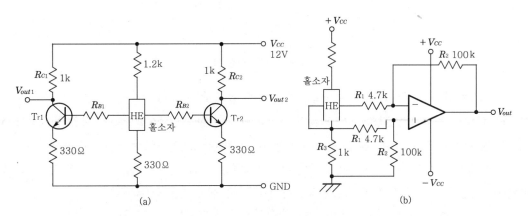

그림 4-4 홀 소자의 증폭 회로

그림 4-4 (a)는 트랜지스터를 사용한 증폭 회로를 나타내었다. 트랜지스터는 증폭 소자로서 베이스 전류에 의해 컬렉터 전류가 h_{FE} 배가 된다. h_{FE} 는 트랜지스터의 직류 전류 증폭도이

다. 따라서 베이스 전류를 크게 하든가 또는 h_{FE}가 높은 트랜지스터를 사용하면 큰 신호가 얻어진다. 그러나 베이스 전류를 크게 하려면 베이스 저항 R_B를 작게 하고 홀 전압을 크게 하는 등 홀 소자에서 부담을 갖게 되어 좋지 않다. 일반적으로 R_B는 홀 소자의 출력 저항 R_{out}의 10배 이상에서 홀 전압의 확보를 도모해야 한다.

홀 전압 V_H는 출력 단자간에 발생하는 전위차를 말한다. 따라서 증폭 회로도 2단자 간에 전위차를 비교하여 증폭하려면 차동 증폭 회로가 좋다. 그림 4-4 (b)에 OP 앰프의 차동 증폭 회로를 나타내었다. 홀 전압 V_H에 대한 출력 전압 V_{out}는 다음과 같다.

$$V_{out} = \frac{R_2}{R_1} \cdot V_H$$

4-2-6 자극 판정 회로

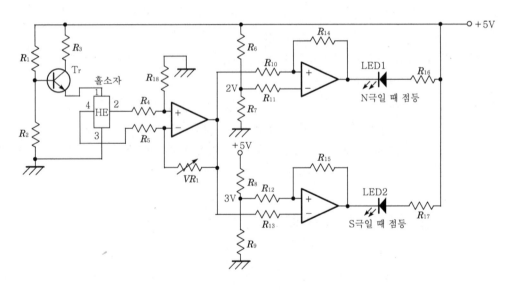

그림 4-5 자극 판정 회로

그림 4-5는 자극 판정 회로를 나타내고 있다. 이 회로에서는 홀 소자를 정전압 구동하고 있다. 홀 전류가 부족하여 입력 전압 V_{in}이 정격보다 저하하지 않도록 R_3로 정한다. OP 앰프로 약 30배의 증폭을 하면 100 gauss의 자속에서 약 500 mA의 전압을 얻을 수 있다. 2개의 비교기에 임계 전압을 각각 2V 이하, 3V 이상으로 하여 이 조건을 만족시킬 때에 비교기 출력이 Low가 되도록 하면 N극, S극에 대응하여 LED를 점등시킬 수가 있다.

비교기의 귀환 저항은 없어도 되며 히스테리시스를 갖게 하여도 여기에서는 10 mV 이하로 충분하다.

또한, 회로도에서는 100 gauss 이상을 검지 대상으로 하였지만, 특히 낮은 자속으로 검지할 수도 있다. 이 경우는 비교기의 분압으로 만들어진 임계 전압을 2.5V에 근접시키거나 OP 앰프의 이득을 VR_1 으로 올리면 된다.

4-2-7 브러시리스 모터의 회로 예(2상 반파 180° 통전)

그림 4-6은 브러시리스(brushless) 모터 회로의 예이다. 여기에서는 2개의 홀 소자와 4개의 구동 트랜지스터를 사용해서 2상 반파 180° 통전회로(通電回路)를 구성하고 있다. 그림 중의 220 Ω과 12 Ω은 바이어스용이고, 이에 따라 홀 전류를 설정함과 동시에 트랜지스터 $Q_1 \sim Q_2$ 에 바이어스 전압을 준다. 또, 그림에서 500Ω VR 은 홀 소자의 바이어스용이다. 그런데 이 회로의 특징은 하나의 코일에 도통각(導通角) 180° 정도의 구동 전류가 흐르기 때문에 모터의 전력 효율이 좋지 않다는 것이다. 따라서 회로의 응용은 수 W 정도의 소형 모터에 한정된다.

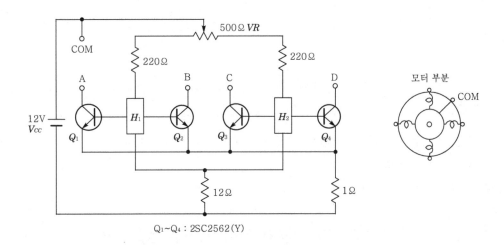

그림 4-6 2상 반파 180° 통전 회로

4-3   홀 IC

4-3-1   홀 IC를 사용한 모터의 ON/OFF 제어 회로

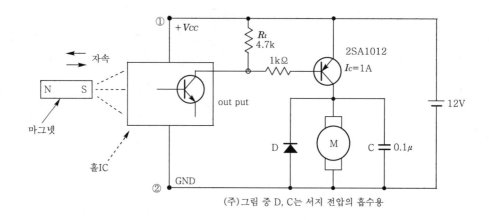

그림 4-7   홀 IC에 의한 모터의 ON/OFF 제어 회로

그림 4-7은 홀 IC에 의한 모터의 ON/OFF 제어 회로의 예이다. 여기에서는 모터 M을 구동시키기 위해 PNP 형태의 파워 트랜지스터를 증설하고 있다. 따라서, 이 회로 구성에서는 1A 정도의 부하 전류를 직접 드라이브할 수 있다. 여기에서는 DC 모터를 그 구동 예로 하였지만, 여기에 솔레노이드(solenoid) 밸브, 램프 등을 연결할 수도 있다.

4-3-2   자기 인터럽터를 사용한 모터 회전수 검출 회로

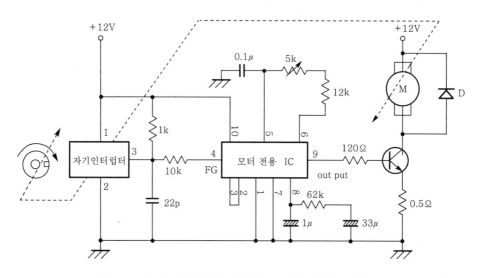

그림 4-8   자기 인터럽터를 사용한 모터의 회전수 검출 회로

그림 4-8은 자기 인터럽터(interrupter)를 사용한 모터의 회전수 검출 회로의 예이다. 여기에서는 회전 센서로 자기식(磁氣式) 인터럽터를 사용하여 그 출력을 모터(제어) 전용 IC의 FG 단자에 입력했다.

자기 인터럽터는 발자체(發磁體)와 홀 IC를 일체화 한 일종의 자기 커플러이며, 이것을 센서로 이용하기 위해 양자의 소자 간에 차단 물체를 개재시키려는 연구를 하고 있다.

4-4 MR(자기 저항) 소자

자기 저항 소자(MR : Magnet Resistor)의 소재로 현재 두 종류가 실용화되고 있다. 그 하나는 화합물 반도체이고, 여기에는 인듐안티몬(InSb), 갈륨비소(GaAs) 등이 있다. 또 다른 하나는 강자성체(强磁性體) 금속이고, 여기에는 퍼멀로이(NiFe), 니켈코발트(NiCo) 등이 있다.

그러나 모두 자장감도(磁場感度)가 매우 낮기 때문에 소자 단체로 사용할 수는 없고 일반적으로 바이어스용 자석, 이득이 높은 OP 앰프와 병용하고 있다.

4-4-1 MR 소자의 기본 회로

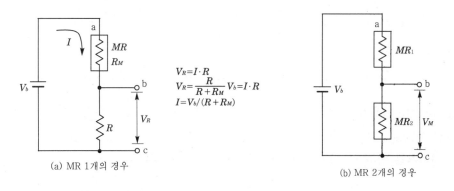

$$V_R = I \cdot R$$
$$V_R = \frac{R}{R + R_M} V_b = I \cdot R$$
$$I = V_b / (R + R_M)$$

(a) MR 1개의 경우

(b) MR 2개의 경우

그림 4-9 *MR* 소자의 기본 회로

그림 4-9는 *MR* 소자를 동작시키기 위한 기본 회로의 예이다. (a)는 *MR* 소자 1개인 경우의 회로 구성법을 나타낸 것이다. 여기서는 *MR* 소자와 출력용 직렬 저항이 전원 V_b에 대해 직렬 접속된다. 또, 그 출력 신호는 *MR* 소자에 흐르는 I의 변화를 전압의 **변화**로써 저항 R 사이로 꺼내고 있다.

(b)는 2개의 *MR* 소자를 직렬 접속하여 그 중간점에서 신호 출력을 꺼내고 **있다**. 이 회로는 (a), (b) 모두 똑같은 것이나 (b)는 *MR* 소자의 온도 보상 효과를 목적으로 하고 있다. 그런데 이 구성은 퍼텐쇼미터(potentiometer : 전위차계)의 기능을 갖고 있기 때문에 비접촉의 자기식 퍼텐쇼미터로서 메커트로닉스 분야에 폭넓게 이용되고 있다.

4-4-2 무접촉 각도 센서를 이용한 각도계

무접촉 각도 센서를 360°의 분도기의 중심에 부착하고 회전축에 침을 부착한다. 그림 4-10에 나타낸 회로를 구성하여 무접촉 각도 센서에 ±3.0V 전압을 가할 때 출력 V_{out}가 0 V로 되도록 회전축을 회전하여 0°를 지시하도록 고정한다. 이것으로 분도기의 0°가 기준각이 되지만 정확히 0 V를 얻으려면 어려우므로 그 보정이 필요한데, 여기에서는 전원측의 VR_1로 조정한다.

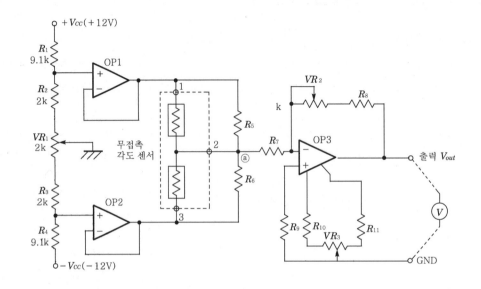

그림 4-10 무접촉 각도 센서의 회전 각도 표시 회로

그림 4-10에서는 무접촉 각도 센서의 구동을 ±3.0 V로 하여 후단 처리의 간이화를 도모하였다. 구동 회로는 2개의 OP 앰프로 정전압 전원을 구성하여, 각각의 기준 전압은 저항의 분압으로 행해지고 있다. 무접촉 각도 센서에 가해지는 전압 V_{in}은

$$V_{in} = \frac{R_2 + VR_1 + R_3}{R_1 + R_2 + VR_1 + R_3 + R_4}(V_{s+} - V_{s-}) \fallingdotseq 5.95(\text{V})$$

로 된다. 각도 센서의 증폭은 OP 3의 OP 앰프로 한다. V_{out}의 0 V의 설정은 각도 센서의 출력 ⓐ점의 전압이 0 V일 때 VR_3으로 오프셋을 조정하고, 이득의 조정은 VR_2로 하여 V_{out}가 100mV/deg로 되도록 한다.

그림 4-10의 회로에서는 OP 3이 반전 증폭으로 되어 있어 회전축을 시계 방향으로 돌렸을 때에 ⓐ점 출력이 전압 강하하도록 되어 있다. 따라서 기준각으로부터 시계 방향으로 회전축을 돌리면 V_{out}는 (+)로, 반시계 방향으로 돌리면 (−)를 표시하게 된다. V_{out}와 GND간에 전압계를 접속하면 1V가 10°의 각도를 나타내는 각도계가 된다.

[4-4-3] **자기 패턴의 검출 회로**

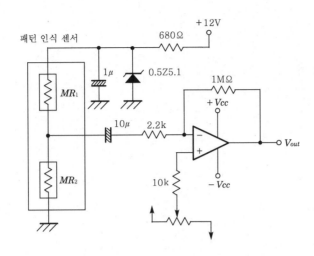

그림 4-11 자기 패턴의 검출 회로

그림 4-11은 자기(磁氣) 패턴의 검출 회로 예이다. 여기에서는 패턴 인식 센서로 BS05AIHFAA를, 그 증폭 수단으로 OP 앰프 TA 75458을 사용하고 있다.

일반적으로 패턴 인식 센서에서 다루는 신호 레벨은 극히 미약하기 때문에 큰 증폭률을 필요로 한다. 이 경우 *MR* 소자는 큰 유동(drift)을 수반하기 때문에 직류 앰프에서의 증폭은 어렵다. 따라서, 이와 같은 요구에는 AC 앰프만이 이용되고 있다. 즉 *MR* 소자로부터의 출력 신호를 콘덴서로 결합하여 그 후에 다단(多段) 증폭해서 필요한 신호 전압을 얻고 있다.

자기 패턴 검출 회로의 응용은 매우 활발해서 현재 자동 판매기나 지폐의 환전기, 그 외에 타 은행의 자동 예금기에 많이 이용되고 있다. 이러한 모든 것은 지폐에 인쇄된 자기 잉크의 패턴을 판독하기 위한 것으로 그 신호는 극히 미약하다.

4-4-4 테이프 텐션(장력) 제어 시스템

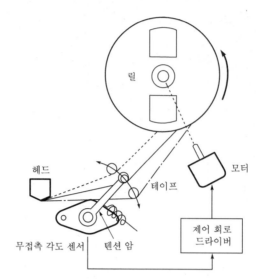

(a)무접촉 각도 센서에 의한 테이프 텐션(장력) 제어

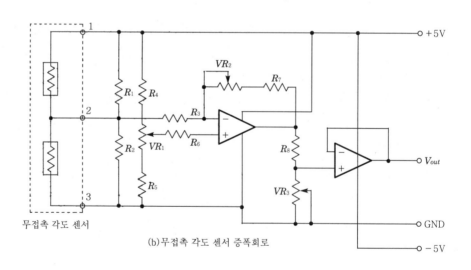

(b)무접촉 각도 센서 증폭회로

그림 4-12 테이프 텐션(장력) 제어 시스템

테이프 레코더나 VTR에서는 테이프의 주행 속도를 올려서 처리 속도나 화질 등의 향상을 도모하고 있다. 반면 테이프의 절단이나 신축 등이 발생하기 쉬워 테이프의 장력을 적정한 상태로 유지하지 않으면 안 된다. 이 때문에 테이프의 장력(tension)을 제어하는 텐션 암 (tension arm)의 지점에 각도 센서를 붙여서 텐션 암의 각도를 검출하고 테이프에 적절한 장력을 주도록 서보 제어를 하고 있다. 테이프 텐션 제어의 일례를 그림 4-12 (a)에 나타내었

다. 그림 4-12 (a)에서는 테이프의 장력을 유지하기 위해 텐션 암의 기계적 변화를 각도 센서에서 전기량으로 변환하여 모터의 속도 제어를 하고 있다.

모터의 속도를 제어하는 방법은 몇 가지가 있지만 전압으로 속도를 제어하는 경우의 무접촉 각도 센서의 주변 회로를 그림 4-12 (b)에 나타내었다. 그림 4-13에서는 무접촉 각도 센서의 기준이 되는 각도에서의 출력 전압을 VR_1으로 설정하고 앰프의 이득을 VR_2로 조정하고 있다. 또한 R_8과 VR_3의 분압으로 출력전압을 결정하고 있다. 그림 4-12 (b)의 회로는 무접촉 각도 센서의 출력 전압을 소정의 각도에서 0V의 전압을 얻기 위한 것으로 앰프에서의 이득을 1 이하로 설정하여 무접촉 각도 센서의 출력 전압을 임의의 전압에 시프트할 수 있다. V_{out}를 드라이버의 트랜지스터 등에 접속하면 직류 모터에 0~5V의 범위에서 인가 전압을 가변시켜 속도를 제어한다.

5

기계량 센서

5-1 기계량 센서의 개요

　기계량을 측정하는 센서에서는 일반적으로 측정 대상에 접촉하기도 하고, 근접해서 세트되어 그곳에서 측정량에 대응한 신호를 인출한다. 기계량의 명확한 정의는 내릴 수 없지만 일반적으로 기계적 변위, 압력 변화 등을 신호로 인출하는 경우가 많을 것 같다. 기계량마다 검출 방식, 형식 및 검출을 위해 이용하는 효과를 정리한 것이 표 5-1이다.

　기계량을 측정하는 센서는 일반적으로 측정 대상물에 접속하기도 하고 근접해 세트시켜 측정량에 대한 신호를 인출한다. 기계량의 명확한 정의는 아니고 압력 변화, 기계적 변위 등의 신호를 발생하는 경우가 많다. 압력 변화에서는 스트레인 게이지, 압력 센서, 기계적 변위에서는 가속도 센서, 회전 센서 등에 대해서 설명한다. 이들 이외에 유량계에서는 전자 유량계, 열선식 호흡 유량계, 초음파 유량계에 대해서 설명하고 또한 초음파 근접 스위치에 대해서도 설명한다.

표 5-1 기계량 센서의 분류

검출 대상(역학량)	형 식	효과, 작용
	금속 저항형	저항
	반도체형	저항(피에조 저항 효과)
변형 탄성변형	차동 트랜스형	전압(전자 유도)
중량	정전 용량형	용량
	자왜형	임피던스(자기 왜형 효과)
토크	압전형	전압(피에조 효과)
	전자형	전압
진동		
광선검출	전자파	주파수(도플러 효과)
속도		
	디지털화	시간
회전수	아날로그화	광전류
	진동형	주파수
	진동편	공진

5-2 스트레인 게이지

표 5-2 스트레인 게이지의 분류

전기 저항 변형 게이지	금속 저항 변형 게이지	와이어 게이지
		박 게이지
	반도체 피에조 저항 변형 게이지	벌크 반도체 변형 게이지
		확산형 반도체 변형 게이지
반도체 변형 검지 소자	PN 접합형 검지 소자	감압 다이오드
		쇼트키 다이오드
		감압 트랜지스터

　압력이나 변형 등의 기계량을 전기량으로 변환하는 센서의 일종이다. 동일 기계량을 변환하는 센서인 퍼텐쇼미터는 기계량을 전기 신호로 인출하기 위해 일단 변위량으로 변환하지 않으면 안 된다. 그 때문에 습동부나 가동부가 필요하게 되고 소형화와 신뢰성 확보를 위해서는 큰 장애가 되어 왔다. 그러나 스트레인 게이지는 기계적으로 동작하는 부분을 가급적 적게 하고 또한 기계량을 직접 전기량으로써 인출되도록 한 센서이다.

　역사적으로 1950년대가 되어 진공관을 대신하여 트랜지스터나 다이오드 등의 반도체가 나타났고, 이들의 반도체 소자가 기계량에 큰 감도를 나타내는 것이 발견되었다(반도체의 피에 조 효과). 금속의 경우는 외부 응력에 의해서 체적이 변화하고 저항값이 변화하지만 반도체에 서는 전혀 다르다. 전기 전도도의 변화에도 2개의 종류가 있다. 하나는 PN 접합층에 외부 응 력을 가해 접합 암전류의 변화로 검출되는 경우이다. 표 5-2는 금속 반도체에 대해서 그 효과 별로 분류한 스트레인 게이지이다.

5-2-1 일정한 무게가 되면 LED와 부저가 동작하는 회로

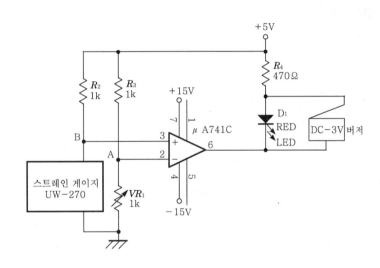

그림 5-1 스트레인 게이지 특성 실험 회로

스트레인 게이지 양 단자에 DVM을 연결하고, 스트레인 게이지의 다이어프램을 손으로 누 르면 저항의 변화를 관찰할 수 있다.

스트레인 게이지와 OP Amp는 그림 5-1과 같은 간단한 회로를 구성한다. 먼저 A점의 전압 이 약 1V가 되도록 VR_1을 가변시켜 조정하면서, 스트레인 게이지의 다이어프램을 서서히 누르면 부저와 LED의 동작을 관찰할 수 있다.

VR_1을 가변시켜 A점의 전압을 $0.9\,V$, $0.8\,V$, $0.6\,V$, …, $0.1\,V$ 등으로 조정한 다음, 위와 같은 방법으로 하면 스트레인 게이지의 특성을 알 수 있다.

5-3 압력 센서를 이용한 회로

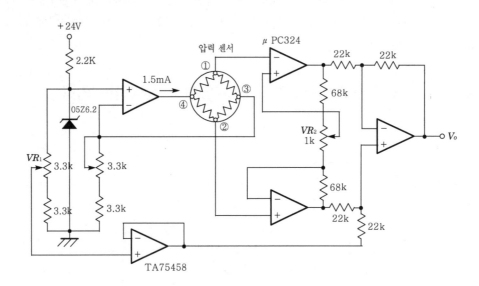

그림 5-2 압력 센서를 사용한 회로의 예

압력 센서에도 여러 가지가 있는데, 여기에서는 압력 센서 P-3000을 사용한 회로의 예를 들어본다. 그림 5-2는 압력 센서로서 P-3000을 사용하고 여기에 OP 앰프 1개에 의한 정전류 회로, OP 앰프 3개를 사용한 계장용 앰프를 각각 조합하고 있다. 또, 압력 센서 P-3000의 바이어스 전류는 카탈로그에서 1.5 mA가 주어져 있기 때문에 VR_1을 조정해서 1.5 mA로 설정한다. 증폭용 앰프에 관해서는 압력 센서의 출력 임피던스가 수 kΩ(25℃)이지만 입력 앰프에 임피던스가 수십 MΩ 이상 있기 때문에 전혀 문제가 없다.

단, 이 센서는 제로점 조정부(調整部)가 없으므로 여기에서는 외부에 시프트(shift) 전압 회로를 개별적으로 설치하여 VR_1에서 조정 작업을 실시하고 있다.

5-4 가속도 센서(압전형)를 이용한 회로

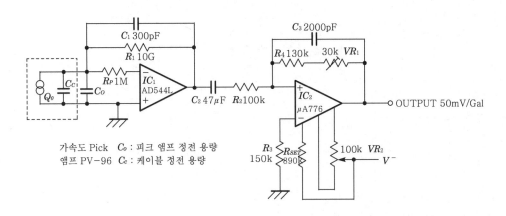

그림 5-3 가속도 센서(압전형)를 이용한 회로

그림 5-3은 가속도 센서(압전형)를 이용한 회로이다. 여기에서 사용한 가속도 pick up은 PV-96으로 감도는 중력(g)당 약 10,000 pC이다. S/N비 개선을 위해 고감도이면서 픽업의 정전 용량을 될 수 있는 한 작게 하도록 연구하고 있다. 또한 과도한 온도 변화에 대해서 전하를 발생(pyro 효과)하기 어려운 선단형 구조를 채용한다. 초단의 앰프는 충전 앰프이다. PV-96의 감도는 10,000 pC/Gal 이므로 충전 앰프의 출력은 1충력당 약 $-33V$(C_1 =300 pF)가 된다. 충전 앰프의 저주파 응답은 피드백 용량 C_1과 저항 R_1에 의해 결정된다. 이 회로에서는 저역 차단 주파수가 0.053Hz가 되고, 0.1 Hz에서 약 1dB 저하된다. R_1은 과대 입력으로부터 IC$_1$을 지키기 위한 보호 저항이다. 후단은 출력 조정용 앰프로, 50 mV/Gal〔Gal= cm/s^2〕의 출력이 되므로 VR_1으로 조정한다. IC$_2$는 다목적 프로그래머블 OP 앰프라고 하는 저소비 전력형 IC로, 사용 목적에 따라 적절한 동작 전류(I_{set})를 8번 핀을 통해서 공급할 수 있게 되어 있다. 이 회로에서는 저잡음화가 우선이기 때문에 I_{set} =15 μA로 한다.

5-5 전자(電磁) 유량계 회로

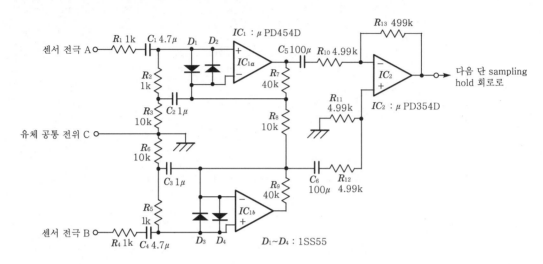

그림 5-4 전자 유량계 회로

전자 유량계는 Faraday의 법칙을 이용하여 관내에 흐르는 유체의 유량을 측정한다. 일반적으로는 유체 공통 전위(C)에 대하여 유량 신호와는 별도로 A, B 양 전극 사이에 DC 성분이 중첩한다. 또한, 출력 임피던스는 유체의 전기 전도도에 의존하는데, 대략 $3 \text{M}\Omega_{\max}$이다. 따라서 초단 입력부의 구성은 AC 증폭이고, 또한 고입력 임피던스인 것이 요구된다.

그림 5-4에 전자 유량계의 첫단 입력 증폭부의 회로를 나타낸다. DC 성분의 제거와 고입력 임피던스를 실현하기 위하여, 초단부는 부트스트랩(bootstrap) 회로를 사용한다. 이 회로의 입력 임피던스는

$$Z = R_1 + R_2 + R_3 + 1/SC_1 + SC_2R_2R_3$$

로 주어지는데 입력 신호 주기를 6.25Hz로 생각하면 거의 400MΩ이다. 또 증폭도는

$$G = \{R_2 + R_3 + SC_2R_2(R_3 + R_7) + 2R_7(R_2 + R_3 + SC_2R_2R_3) / R_8\}/Z \fallingdotseq 1 + 2R_7/R_8$$

가 되므로 거의 9배이다. 단, 실제로는 입력 신호 파형의 주파수 특성에 크게 좌우되므로 C_1, C_2, R_2, R_3 등의 상수의 선택은 계산기에 의한 시뮬레이션과 실험을 하여 결정한다.

C_5, C_6은 IC_1의 입력 바이어스 전류 및 오프셋 전류가 R_2, R_3, R_5, R_6에 흘러 발생하는 DC 오프셋분을 제거하기 위하여 넣는다. 이 DC 오프셋은 온도 변화를 포함하여 약 300mV 정도는 생각할 필요가 있다. 한편 IC_2의 증폭도는 차동을 포함하여 200배이므로 IC_2의 출력이 간단히 포화해 버리는 점을 생각할 수 있고 DC를 제거하는 C_5, C_6은 꼭 필요하다.

5-6 열선식 호흡 유량계 회로

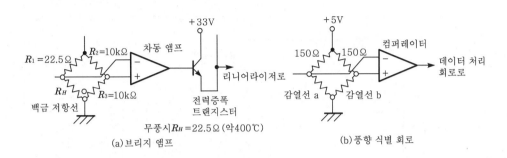

그림 5-5 열선식 호흡 유량계 회로

현재 호흡 유량계로서 여러 종류가 실용화되고 있지만, 여기서는 주파수 특성이 좋고 고정 밀도인 열선식 유량계에 대하여 설명한다.

열선식 유량계에 전원을 넣으면 백금선(실온에서의 저항치 10 Ω 정도)은 가열되고 저항치는 증대하여 $R_1 \cdot R_3 = R_2 \cdot R_H$를 관측하는 값이 되면 브리지는 평형하고 온도와 저항치는 일정하게 유지된다. 그림 5-5 (a)의 구성에서는 $R_H =22.5$ Ω에서 온도는 약 400℃로 유지된다.

호흡 기류가 있으면 백금선의 열이 빼앗겨 저항치가 작아진다. 그러면 브리지의 평형은 깨지고, 그 출력은 차동 앰프에서 증폭되고, 다시 트랜지스터로 전력 증폭되어 브리지 회로에 귀환(feedback)된다. 이 때문에 백금선에는 많은 전류가 흐르고 급격히 가열되어 원래의 평형 상태(일정 저항치)로 복귀한다. 즉, 이 회로는 저항치(온도)를 일정하게 유지하도록 동작하는 정저항형(정온도형)의 열선식 유량계이다. (여기에서 유속 $\alpha \propto V^4$)

실제의 측정에서는 호기와 흡기의 풍향 식별이 필요하므로 열선의 양측에 감열선을 설치한다. 기류에 의해서 빼앗기는 열이 감열선에 전달되어 기류의 방향을 알 수 있다.

그래서 실제로는 그림 5-5 (b)와 같이 2개의 감열선에 의해 브리지 회로를 구성하고 비교기를 통해서 풍향을 식별을 한다.

5-7 초음파 유량 측정 회로

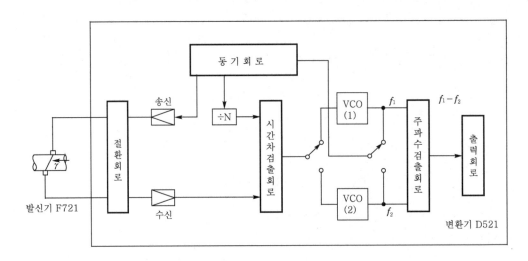

그림 5-6 초음파 유량 측정 회로

초음파 유량계 F 721-D 521 시리즈에서는 그림 5-6과 같은 PLL(Phase Locked Loop) 방식에 의해 초음파 펄스의 전달 시간의 역수에 비례한 주파수를 발생시킨다.

즉, 순방향에 대해서는 가변 전압 발진기 VCO(1)의 발진 주파수는 1/N로 분주되고 그 주기는 초음파가 액체 속을 전파하는 시간과 거의 동일하다. 분주 회로에서의 전기 출력 펄스와 수중을 통한 수신 초음파 펄스와의 시간차는 시간차 검출 회로에서 검출된다. 이 출력은 직류화되어 VCO(1)에 걸리고 그 발진 주파수를 시간차 전압이 0이 되는 방향으로 자동 제어되고 VCO 출력 주파수는 일정하게 된다.

따라서, 정상 상태에서는 VCO(1)의 발진 주파수가 수중을 전파하는 시간의 역수의 N배가 된다. VCO(2)에 대해서도 초음파 전파 방향이 반대가 되는 외에는 완전히 동일한 동작에 의한 발진 주파수가 생기므로 이들 2개의 발진 주파수의 차를 취하면 유속에 비례한 값을 얻을 수 있다.

5-8 초음파 근접 스위치

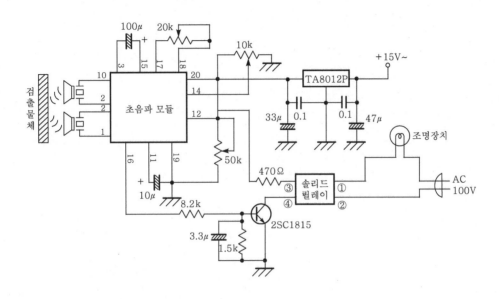

그림 5-7 초음파 근접 스위치

그림 5-7은 초음파 근접 스위치의 일례이다. 여기에서는 그 중심부에 시판되는 초음파 모듈 DK-4012C를 사용하고 있다.

또, 그 출력부에 솔리드 스테이트 릴레이(Solid State Relay) SF50-M1을 이용해서 AC 100V의 조명 장치를 제어하고 있다.

동작을 간단히 설명하면, 검출 구역 내에 어떤 검출 물체가 침입하면 센서가 이것을 감지해서 조명 장치가 켜지는 것이다. 여기에서는 그 부하에 조명 장치를 설치했지만, 그 대신 경보기가 울리게 할 수 있다.

일반적으로 초음파는 확산성이 대단히 강하기 때문에 광범위한 검출을 하나의 센서 소자로 커버할 수 있다. 이 때문에 초음파 방식은 침입자 경보 장치에 폭 넓게 이용된다.

6

가스·습도 센서

6-1 가스 센서의 개요

가스 센서란 "가스의 존재를 전기적, 자기적, 광학적 등 최종적으로 전기신호로 처리될 수 있는 방법으로 검출할 수 있는 매체"라고 정의할 수 있다.

일반적으로 가스의 농도를 나타낼 경우는 대부분 용적비를 사용한다. 여기에서는 가스 농도를 vol% 또는 ppm(Parts Per Million ; 0.1 vol% = 1,000 ppm)으로 표기하였다.

다음에 가스 센서의 검지 대상이 되는 가스에 대해서 생각하기로 한다. 검지 대상 가스는 용도 또는 응용 분야에 따라서 여러 가지로 생각할 수 있지만 현재의 가스 센서의 대부분은 ① 가연성 가스와 일부 독성 가스의 검출 ② 산소 분압의 변화를 검출 대상으로 한 것이다.

가연성 가스에는 "공기 중의 폭발 한계의 하한" 즉 폭발 하한계 농도(Lower Explosion Limit, 이하 LEL이라 한다)라는 것이 있는데, 이것을 충분히 파악해 두는 것이 중요하다.

가스 센서를 가스에 의한 폭발 사고를 미연에 방지할 목적으로 사용할 경우, 특히 이 LEL이 중요한 요인이 된다. 이와 같은 응용에 대해서는 일반적으로 LEL의 약 1/10 정도의 농도로 검출하는 것이 적당하다고 되어 있다. 예를 들어, 프로판 가스의 경우 LEL은 2.1 vol%이므로 검지 농도는 약 0.2 vol%가 된다.

한편, 일산화탄소(CO)의 경우는 폭발보다도 인체에의 영향이 문제가 된다. 이와 같은 독성 가스에 대해서는 LEL 보다도 허용 농도(이 농도 이상의 환경에서 8시간 이상 있었을 때에 건강 장애가 발생하는 농도)가 중요하다. CO의 허용 농도는 50 ppm이기 때문에 센서로 검출할 수 있는 농도는 적어도 50 ppm이라고 할 수 있다.

또 가연성 가스, 독성 가스에 관계없이 응용상 무시할 수 없는 한 가지가 있는데 그것은 가스 물성의 비중이다. 공기보다 무거운가 가벼운가에 따라서 센서의 설치 장소를 변경시킬 필요가 있기 때문이다.

가스 센서를 응용하거나 주변 회로를 설계하는 경우에는 검지 대상 가스의 물성을 충분히 알고 있는 것이 매우 중요한 포인트가 된다.

6-2 가스 센서의 종류와 특징

표 6-1 각종 가스의 검지 방법

방 식	원 리	장 점	단 점	비 고
반 도 체 방 식	주로 금속 산화물의 반도체(N형이 중심)에 환원성 가스가 흡착하면 그 전도도가 증가하는 현상을 이용한다.	감도가 크고 응답이 빠르다. 가격이 저렴하다. 검지 회로가 간단하다. 선택성이 기대된다.	출력이 가스 농도에 비례하지 않는다. 정밀도를 올리려면 주위온도, 습도의 보상이 필요하다.	가스 센서의 주류를 이룬다. 실용화되고 있는 것은 SnO_2계, Fe_2O_2계뿐이다.
접촉 연소 방식	가연성 가스가 백금 등의 촉매에 의해서 연소하여 온도가 상승한다. 이 온도 상승을 백금선의 전기 저항의 증가로 검지한다.	출력이 가스농도에 비례한다. 소형 반도체 식은 대부분 없지만 가격이 저렴하다.	감도가 작고 검지 회로가 약간 복잡하다. 가스 선택성을 가지게 하는 것이 좋다.	공업용의 대부분을 차지한다. 최근 가정용에도 많이 사용되고 있다.
전 기 화 학 반응방식	전해액(Conc-H_2SO_4) 중에 전극을 설치하고 전극 간의 전압을 인가하여 가스를 양극 산화시킨다. 예를 들면 $CO+H_2O{\rightarrow}CO_2+2H^+Ze^-$, 이때 흐르는 전류를 측정한다.	재현성이 좋다. 직선성이 좋다.	진한 황산을 사용하고 있기 때문에 위험, 고가, 수명이 짧다.(단, 1년 이하)	대상 가스 CO
열 전 도 율 법	주위의 가스로 결정된 열전도율을 이용하여 백금선, 서미스터 등의 저항값을 측정한다.	대상가스가 광범위하다.	감도가 작다. 선택성을 가지게 하는 것이 좋다.	
광간섭법	공기 및 대상 가스 간의 굴절률의 차이가 생겨 간섭무늬를 이용한다. 이것은 가스 농도에 비례한다.	정밀도가 높다. 수명이 길다.	정밀도가 높은 광학계가 필요하다. 선택성이 불가능하다.	대상가스 공기와 굴절률의 차가 큰 것이 많다.

(표 6-1 계속)

방 식	원 리	장 점	단 점	비 고
반응 착색법	가스를 액체 또는 고체에 반응시켜 발색시키고 착색 정도를 광학적으로 검지한다.	측정이 간단하여 휴대에 편리하다. CO에 대한 감도가 크다.	비가연, H_2 프로판 등의 가연성 가스의 검출이 불가능하다.	
용액도 전율법	측정 가스를 적당한 용액에 흡수시켜 용액도 전도율 변화를 측정한다.		일부 가스에 한정된다.	대상 가스 SO_2, CO_2
고체 전해질법	산소 이온 도전성의 고체 전해질을 통하여 양측에 산소 분압의 차가 생길 경우, 이 분압차에 의해 기전력이 발생한다.	기전력으로 검출할 수 있다. 구성이 비교적 간단하다.	큰 산소 분압차는 검출되지 않는다.	대상 가스 O_2

가스 센서를 크게 구별하면 그 사용 목적(검지 대상 가스의 종류)에 따라 환원성 가스 검지용과 산화성 가스 검지용으로 나눌 수 있다. 전자는 가스 누설 검지 등의 방재용 또는 전자 렌지 등의 조리 제어 등에, 후자는 용광로 중 용존 산소의 분석이나 엔진, 보일러 등의 연소 제어용으로 사용되고 있다.

가스를 검지하는 방법은 몇 가지 방법이 있는데 이들의 원리를 이용한 가스 센서도 이미 실용화 되고 있다. 주요 가스 검지 방법을 표 6-1에 나타내었다. 이들 중에서도 센서 구성의 간편함과 가격 등의 점으로부터 환원성 가스에 대해서는 반도체식, 접촉 연소식이, 또 산화성 가스에 대해서는 고정 전해질식이 각각 대표적인 것으로 되어 있다.

반도체식 가스 센서를 크게 구별하면 센서 재료 자체의 전기 전도도가 가스에 의해서 **변화** 하는 형과 다이오드 또는 트랜지스터 특성이 가스에 의해서 변화하는 형으로 나누어진다. 후 자는 아직 연구 단계에 있으며 실용화되어 있는 것은 거의 전기 저항식이기 때문에 일반적으로 반도체식이라 하면 저항 변화형을 나타내는 경우가 많다.

6-3 반도체식 가스 센서의 기본 검출 회로

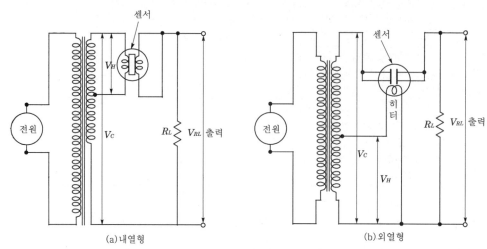

V_H : 히터전압 V_C : 회로전압 R_L : 부하저항

그림 6-1 반도체식 가스 센서의 기본 검출 회로

반도체식 가스 센서는 그 구조상 내열형과 외열형이 있다. 내열형은 특히, 줄열을 이용한 자기 발열형이라는 점이 큰 특징이다. 한편, 검출 회로의 입장에서 볼 때 이들 내열형과 외열형의 회로 구성에는 차이가 있다.

그림 6-1 (a)는 내열형, 그림 6-1 (b)는 외열형의 센서로 기본 검출 회로를 나타낸 것이다. 많은 습도 센서가 이온 전도에 기초하여 전도 구조를 갖기 때문에 교류 구동만이 허용되는 것에 비해서 가스 센서의 경우는 기본적으로 전자 전도에 기초하기 때문에 직류 구동이 가능하다. 이러한 점에서 가스 센서쪽이 전원 설계면에서 자유로우나 히터의 전원 전압의 정밀도가 요구되는 경우가 많으므로 주의를 해야 한다. 그 이유는 금속 산화물 반도체의 가스 감도는 동작 온도에 민감하게 의존하는 경우가 많기 때문이다.

따라서 사용하는 가스 센서의 특성이 어느 정도의 동작 온도 의존성, 즉 히터 전원 전압의존성을 가지고 있는가를 미리 조사해 이 동작 온도 의존성에 따라서 전원 회로를 설계하는 것이 필요하다. 가스 농도를 정밀도가 양호하게 검출하려면 히터 전압을 정전압화하는 것이 좋다.

그림 6-1에 나타낸 바와 같이 실제의 회로에서는 부하 저항 양단의 전압을 검출하므로 회로를 설계하거나 또는 센서의 신뢰성을 평가하는 경우에는 센서 자체의 저항값으로 평가할 수가 있다.

6-4 가연성 가스, 독성 가스 양용 검출 회로

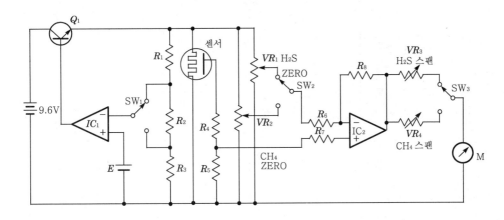

그림 6-2 가연성 가스, 독성 가스 양용 검출 회로

　그림 6-2는 반도체식 가스 센서의 다기능성 특징을 이용한 전형적인 회로인 가연성 독성 양용 가스 검지기의 회로도이다. 하나의 센서로 가연성 가스, 독성 가스(여기에서는 유화 가스)를 측정할 수가 있다.

　Q_1 은 IC_1로 제어되어 센서의 히터에 일정 전압을 가해 준다. 히터 전압은 SW에 의해서 메탄 측정시 2V로, 유화 수소 측정시는 1.3V로 전환시킨다. 이 센서는 히터 전압을 1.3V로 사용하면 유화 수소에는 감도가 좋지만 메탄에 대해서는 감도가 좋지 않다. 그래서 히터를 2V로 사용하면 메탄에 대한 감도가 얻어진다. VR_1, VR_2는 유화 수소, 메탄의 레인지 0점 조정에 VR_3, VR_4 는 감도 조정에 각각 사용한다. 센서의 부하 저항은 R_4, R_5이지만 여기서 얻어진 센서 신호는 IC_2에서 증폭되어 메터 M에 지시된다.

6-5 접촉 연소식 가스 센서를 이용한 가스 누설 경보기

　접촉 연소식 가스 센서의 최대 특징은 출력이 직선적으로 얻어지는 것이다. 이 직선성을 이용하여 가연성 가스의 미터나 계측기에, 주로 공업 분야를 중심으로 광범위하게 사용되었다. 그러나 최근, 센서의 저가격화 회로 기술의 향상 등에 의해서 가정용으로 급속히 실용화되어 왔다. 그 대부분이 가스 누출 경보기이다.

　그림 6-3에 접촉 연소식 가스 센서를 사용한 가스 누출 경보기의 실용화 예를 나타내었다. 전원 안정화부, 브리지부, 비교 회로부, 경보부로 구성되어 있다.

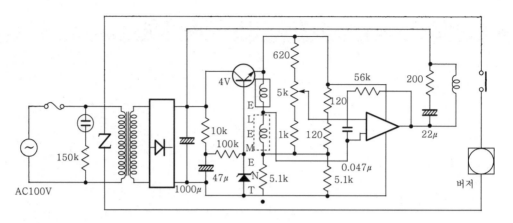

그림 6-3 접촉 연소식 가스 센서를 사용한 가스 누설 경보 회로

접촉 연소식의 가스 센서는 그 원리에서도 알 수 있듯이 가연성 가스 이외의 것에는 감응 (응답)하지 않는다. 따라서 각종 좋지 않은 가스나 습도 등에 감응하여 작용하는 자동 환풍기 나 조리 제어용으로는 부적당하다.

6-6 가스 센서를 이용한 자동 환기 팬

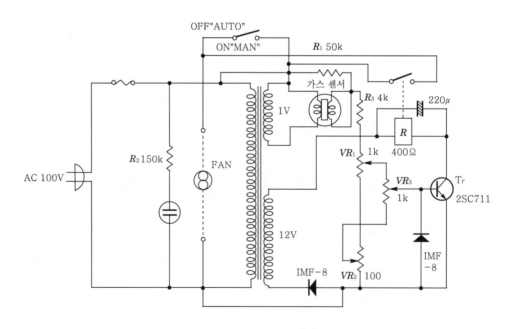

그림 6-4 자동 환기팬 구동 장치 회로

그림 6-4는 산화제이주석(SnO_2) 반도체 표면상으로 기체의 흡탈착에 따른 반도체의 전도도 변화를 이용하여 각종 가스를 검지하는 것으로 프로판, 메탄 등의 가스 누설 검지는 물론 일

산화탄소, 암모니아, 각종 용제 증기 등의 독성 가스˙검지에도 널리 이용되고 있는 피가로 가스 센서 TGS109를 이용한 자동 환기 팬 회로이다. 여기서 자동 환기 팬은 부엌에서 발생하는 연기나, 담배, 스프레이 가스 등에 의한 실내의 연기 오염을 감지하여 환기 팬을 작동시켜 실내의 청정화를 자동적으로 행하도록 하는 것이다.

그림 6-4 회로의 동작은 다음과 같다. 실내의 공기가 오염되어, 오염 가스의 농도가 증가하면, 거기에 따라서 센서의 저항치는 감소한다. 그 때문에 공기의 오염 정도가 어느 레벨에 도달하면, 그림의 트랜지스터 Tr이 스위치 ON 한다. 이것에 의해 릴레이가 동작하여 환기팬에 의한 환기가 행해지게 된다. 이 예에서는 릴레이의 동작 개시 전압과 복귀 전압이 다른 점을 적극적으로 고려하고 있다. 즉, 공기 오염 가스의 농도가 VR_2에 의하여 설정된 레벨을 넘으면 환기 팬이 동작하여 오염된 공기가 환기되는데, 가스 농도가 설정치까지 내려가도 계속해서 동작하여 충분히 농도가 내려간 시점에서야 비로서 정지한다. 이것에 의해 환기 팬의 채터링(chattering) 현상을 막을 수 있고, 또한 충분한 환기를 할 수 있다. 그리고 R_1 및 VR_1은 소자의 고유 저항 및 감도의 편차를 보정하기 위한 것이다.

6-7 습도 센서의 개요

표 6-2 습도의 표시법

표 시	정 의	단 위
습구 온도	일정 풍속화에서 습구 온도계가 평행에 도달되는 최저 온도	℃, ℉
상대 습도 퍼센트	기체 중의 수증기압(수증기의 분압)(P)과 그 기체와 동일한 온도의 포화 수증기압(P_s)과의 비 $$H = \frac{P}{P_s} \times 100$$	0~100 %RH
노점(露点)과 상점(霜点)	노점 : 기체 중 수증기의 분압이 포화 수증기압과 같은 온도 상점 : 노점이 0℃ 이하의 시간 온도	℃ ℉
용적비와 중량비	용적비 : 수증기의 분압과 건조 캐리어 가스 분압의 비이다. 중량비 : 용적의 경우와 같이 분자량에 의해 변화한다.	

습도 센서도 가스 센서와 같이 "습도(수증기의 농도 : 상대 습도, 절대 습도)를 전기적, 광학적 등 최종적으로 전기 신호로 처리할 수 있는 방법으로 검출할 수 있는 매체"로 정의할 수 있다.

여기에서는 결로(結露)를 검출하는 센서도 습도 센서로서 취급하기로 한다. 한편, 물질에 포함된 수분을 검출하는 "수분 센서"는 제외하여 생각한다.

습도를 표시하는 데는 몇 가지 방법이 있다. 우선, 기체(특히, 공기) 1m^{3}에 포함되어 있는 수증기량을 g 단위로 나타낸 것을 절대 습도라 한다. 또 일정 체적의 기체(공기) 중에 실제 포함한 수증기량과 이것과 같은 온도에서 그 기체가 포함할 수 있는 최대의 수증기량과의 비를 %로 나타낼 때 이것을 상대 습도라 한다. 이 경우, 수증기량은 보통 증기압으로 나타낸다. 일반적으로 습도라고 하는 것은 후자를 의미한다. 또한 습도 센서의 특성을 말할 때에도 후자의 상대 습도를 쓰는 경우가 많다.

절대 습도, 상대 습도를 나타낼 때에는 표 6-2에 나타낸 바와 같이 습도 표시법이 있다. 표 중에 용적비 표시가 앞에서 설명한 절대 습도에 해당한다. 이들 4종류의 기본 습도 표시에는 같은 뜻을 갖는 상관 관계가 있다.

6-8 습도 센서의 종류와 특징

표 6-3 습도 센서의 종류와 특징

종 류	명 칭	감습 재료	원 리	작동습도 온도범위	응답성	주요 용도
전해질	염화리듐 습도센서	LiCi-유기 결합제 LiCi의 직물 섬유로의 흡습	LiCi의 흡습에 의한 이온 전도율의 변화	20~90%RH 0~60℃	2~5분	습도 계측
세라믹	프로톤형 세라믹 습도센서	$MgCr_2O_4$-TiO_2계 TiO_2-V_2O_5계 $ZnCr_2O_4$-$LiZnVO_4$계 아몰퍼스 SiO_2 -금속 산화물계	다공질 세라믹 표면으로 수증기의 물리 흡착에 의한 유전율 변화	10~100%RH 0~150℃	10초 이하	각종 공조 제어 식품 조리 제어 건조 시스템
	반도체형 습도센서	패로부스 가이드형 MgO-ZrO_2계 산화물	반도체 산화물에서의 수증기의 화학 흡착에 의한 유전율 변화	10^2~10^5ppm 300~600℃	2~3분	좋지 못한 환경하에서의 습도 계측과 습도 제어
	용량형 습도센서	Al_2O_3 박막	세공 분포를 갖는 Al_2O_3 박막에서의 수증기의 물리 흡착에 의한 전기 용량 변화	1~2000 ppm 25℃	10초 이하	IC, LSI 패키지내의 습도 검출, 습도 계측
고분자	팽창형 습도센서	흡습성 수지-카본 분산형	수지분의 흡습 팽창에 의한 카본 입자 간격의 변화에 따라 전도율 변화	20~90%RH -30~40℃	1분 이내	습도 계측
	고분자 습도센서	도전성 고분자	흡습성 고분자의 수증기 흡착에 의한 유전율 변화	30~90%RH 0~50℃	1분 이내	습도 계측 및 습도 제어
		친수성 고분자	수증기 흡착에 의한 유전율 변화	0~100%RH -40~80℃	1분 이내	습도 계측
결로	수지분산형 결로센서	흡습성 수지-카본 분산형	수지분의 흡습 팽창에 의한 카본 입자간 거리의 변화에 따른 저항 변화	94~100%RH 0~40℃ -10~60℃	10초 이하	VTR의 결로 방지

(표 6-3 계속)

종 류	명 칭	감습 재료	원 리	작동습도 온도범위	응답성	주요 용도
기타	FET형 습도센서	고분자막	수증기의 흡탈습에 의한 고분자막의 용량 성분 변화에 의한 출력 전압 변화	0~100%RH 10~40℃	30초 이하	각종 공조 제어 습도 계측
	열전도식 습도센서	서미스터, 열전대	건조 공기와 수증기 열전도의 차를 2개의 서미스터로 측정	0~100%RH 0~40℃	10초	습도 계측
	마이크로파 수분제어	유전체 기판	유전 대기판을 전송하는 마이크로파의 함수(含水) 시료 중의 수분에 의한 감쇠량으로 수분 검출	0.3~70%RH 0~35℃	수초 이하	곡물, 목재, 종이 등의 수분 검출

　습도 센서도 가스 센서와 같이 검지 대상별과 검지방식별로 나누어서 생각할 수 있다. 검지 대상별은 ① 저습 영역용, ② 중습 영역용, ③ 고습 영역용, ④ 전영역용 및 결로용으로 크게 구별할 수 있다. 방식별로 정리하면 표 6-3과 같다.

　이들 중에서 센서 재료로서는 세라믹을 사용한 것이 가장 널리 사용되고 있지만 결로 센서로서는 수지 분산형의 것이 많이 사용되고 있다. 그리고 습도 센서는 센서 재료에 따라서 적용하는 범위가 다르다. 따라서 습도 센서를 선택할 경우, 센서가 사용되는 동작 온도, 검출할 수 있는 수증기 농도를 충분히 파악하여 그것에 적합한 것을 선택하는 것이 중요하다. 몇 가지 습도 센서 중에서도 세라믹 센서는 동작 온도, 검출 농도와 같이 적용 범위가 광범위한 것으로 다방면에 많이 사용되고 있다.

6-9 습도 검출 회로

6-9-1 상용 주파수 바이어스 회로

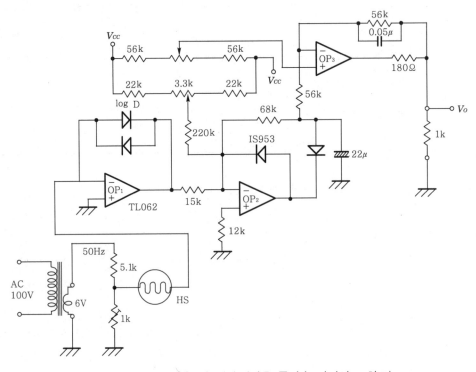

그림 6-5 습도 검출 회로(1) (상용 주파수 바이어스 회로)

그림 6-5는 습도 검출 회로의 일례이다. 여기에서는 임피던스 변화형 습도 센서를 사용하고, 그 출력을 직류 전압으로서 꺼내고 있다. 또한 습도 센서의 바이어스용으로서 60 Hz의 상용 전원을 이용하고 있는데, 이것은 수백 Hz의 고주파 전원에서도 상관 없다. 그림 중의 HS는 습도 센서를 나타낸 것이며 일반적으로 임피던스 변화형은 이와 같은 회로 기호로 표시된다.

동작을 간단히 설명하면, 먼저 처음에 교류 전원에서 바이어스된 습도 센서는 습도 변화에 대응한 약간의 저항값 변화를 나타낸다. 다음에 이 변화는 앞단의 OP 앰프에 교류 전압의 변화로 입력되고 대수 압축(對數壓縮)된다. 또한 이 신호는 OP 앰프 OP₂를 통하여 전파 정류(全波整流)되고 깨끗한 직류 전압으로 변환된다. 다시 그 출력은 OP 앰프 OP₃에서 적절히 증폭, 레벨 조정되어 소정의 출력 신호를 얻고 있다.

이 종류의 습도 센서는 습도가 낮을 때 수십 MΩ 이상의 고저항이 되기 때문에, 입력부의 OP 앰프는 일반적으로 FET 입력 타입이 사용되고 있다.

또, 여기에서 사용되고 있는 습도 센서(CGS-D₂)는 습도 대 저항 특성이 거의 대수적으로 변화하기 때문에, 습도가 낮은 쪽에서도 현저하게 그 저항값이 높아진다. 이 현상은 습도 센서의 성질에 기인한 것이며 신호 처리상 상당히 불편하기 때문에 대수 압축하여 등간격 출력으로 변환하고 있다.

6-9-2 CR 발진기에 의한 바이어스 회로

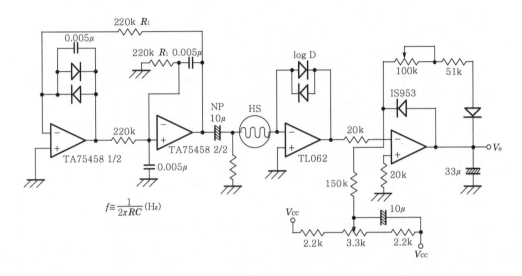

그림 6-6 습도 검출 회로(2) (CR 발진기에 의한 바이어스 회로)

그림 6-6은 습도 센서의 바이어스용 전원으로서 500 Hz의 정현파 교류를 공급한 것이다. 그 밖의 신호 처리계는 그림 6-5와 거의 같다. 여기에서는 출력 Amp를 한단 생략하고 있다.

임피던스 변화형 습도 센서는 그 바이어스 전원으로서 교류를 공급하고 있는데, 이것은 직류 공급에 의한 감습 재료의 전해(電解)나 재료의 유리(遊離) 등을 방지하기 위한 조치이다.

또 이와 같은 경우, 예를 들면 교류를 공급하더라도 그 전원의 진폭에 비대칭 성분이 있으면, 그 편차분에 상당하는 직류분의 작용에 의해 센서의 특성 열화를 초래한다. 따라서, 여기에서는 상하 대칭적인 깨끗한 정현파 교류를 필요로 한다.

6-9-3 습도 변화를 주파수로 변환하는 회로

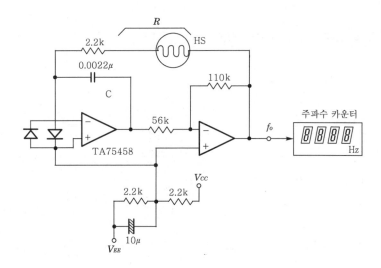

그림 6-7 습도 검출 회로(3) (습도 변화를 주파수로 검출하는 회로)

그림 6-7은 습도 변화를 주파수 변화로 변환하는 회로의 예이다. 여기에서는 주파수 변화를 이미 제작된 주파수 카운터로 읽고 있다.

이 회로의 특징은 C-R 발진기(發振器)의 R 부분에 습도센서(CGS-D$_2$)를 삽입한 것으로, 임피던스 변화형 소자의 저항 변화를 그대로 C-R 발진기의 발진 시정수로서 이용한 것이다.

또한 이 종류의 센서는 습도 변화에 대해 지수 함수적인 저항값 변화를 나타내므로 습도의 상승과 함께 현저하게 발진 주파수가 변화하기 때문에 광대역의 습도 검출에는 부적합하다. 이 때문에 습도값 자체의 측정보다 비교적 좁은 범위의 습도 변화율의 확인 등에 유효하다.

6-10 고습도 스위칭 센서를 사용한 습도계

그림 6-8은 고습도 스위칭 센서를 사용한 습도계이며 여기에서는 감습부에 HOS-201을 사용하고 있다. 또 이 종류의 센서는 본래 스위칭용으로 개발된 것이며 광대역의 습도 검출 범위를 가지고 있지 않다. 이 때문에 용도는 일정량 이상의 습도 레벨(또는 이하)의 판정용이다. 그러나 이와 같은 소자라도 어느 정도의 범위를 한정하면 비교적 선형(대수 직선성) 특성을 가지기 때문에 이 사이의 특성을 유효하게 사용할 수 있다. 주요 회로 구성으로서는 500 Hz의 교류 바이어스용 회로, 대수 변환 앰프, 그리고 전파 정류 회로 등이 있다.

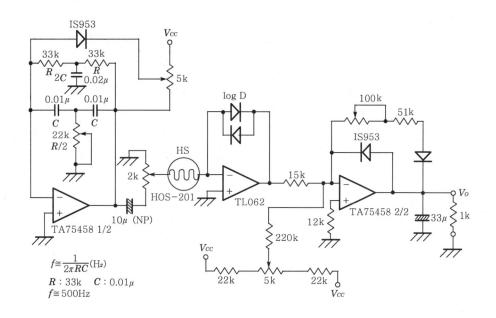

$$f \cong \frac{1}{2\pi RC} \text{(Hz)}$$

$R : 33\text{k} \quad C : 0.01\mu$

$f \cong 500\text{Hz}$

그림 6-8 고습도 스위칭 센서를 사용한 습도계

6-11 결로 센서를 이용한 결로 검출 회로

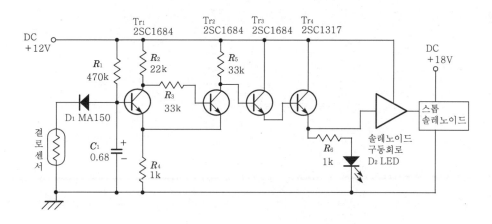

그림 6-9 VTR 결로 검출 회로

결로(結露) 센서는 고습 영역에서 전기 저항값이 급격히 증가하는 이른바 스위칭 특성을 가지고 있다. 현재, 결로 센서가 사용되고 있는 가장 전형적인 예는 VTR의 응용이다.

그림 6-9는 VTR용 결로 센서의 검출회로 예이다. 여기에서 Tr_1과 Tr_2는 슈미트 회로를 구성하고 있다. 결로 센서의 저항값 변화에 따라서 ON, OFF 동작을 한다. 보통의 상태에서 결

로 센서는 $2\,k\Omega$ 전후의 저항값을 나타내므로 Tr_1의 베이스 전위는 약 $0.5\,V$이다. 따라서 Tr_2의 컬렉터는 저전위로 된다. 기기 내부의 습도가 상승하면 결로 센서의 저항값이 크게 되어 Tr_1은 도통 상태, Tr_2는 차단 상태로 되어 Tr_2의 컬렉터는 고전위로 된다.

결로 상태에서 센서의 저항값은 $200\,k\Omega$ 이상이므로 이 회로 조건이 유지된다. 한편, 건조 상태에서는 결로 센서의 저항값이 $30\,k\Omega$ 이하로 되면 슈미트 회로가 본래의 안정점으로 되돌아간다. Tr_3과 Tr_4는 위의 회로 동작을 다음 단으로 전달하기 위한 버퍼 회로이며, 사용자에게 결로 상태를 알리는 표시 기능과 기기를 정지 상태로 하는 기능을 가지고 있다. 결로 검출 후는 내장된 팬이나 외부팬에 의한 건조가 이루어진다.

평가 문제

1. 센서 시스템의 기본 구성도를 나타내시오.

2. 서미스터의 종류별 특성을 간단히 설명하시오.

3. 서미스터를 이용한 기본 회로를 나타내시오.

4. 열전대의 특성을 간단히 설명하시오.

5. IC화 온도 센서(AD 590)를 이용한 1점 조정법 전압 출력 회로를 나타내시오.

6. 포토 다이오드를 이용한 기본 회로를 나타내시오.

7. 포토 트랜지스터를 이용한 기본 회로를 나타내시오.

8. CdS 광도전 소자를 이용한 기본 회로를 나타내시오.

9. 포토 인터럽터를 이용한 기본 회로를 나타내시오.

10. 광전 스위치의 분류 및 응용 예를 간단히 설명하시오.

11. 인체가 검지되면 초전 센서에 의해 부저가 울리는 회로를 설명하시오.

12. 홀 소자를 이용한 자극 판정 회로를 설명하시오.

13. 홀 IC를 사용한 모터의 ON/OFF 제어회로를 설명하시오.

14. MR(자기 저항) 소자의 기본 회로를 나타내시오.

15. 스트레인 게이지(압력 센서)의 특성을 간단히 설명하시오.

16. 반도체식 가스 센서의 기본 검출 회로를 나타내시오.

17. 가스 누설 경보회로를 간단히 설명하시오.

18. 가스 센서를 이용한 자동 환기팬 회로를 간단히 설명하시오.

19. 습도 검출 기본 회로를 나타내시오.

20. 결로 센서를 이용한 결로 검출 회로를 간단히 설명하시오.

초음파 센서

세라믹 초음파 센서는 근거리에 있어서 물체나 인체의 유무, 거리의 측정, 속도의 측정 등에 응용할 수 있다. 세라믹 초음파 소자는 고유 진동에 해당하는 교류 전압을 가하면 압전 효과에 의하여 가장 효율적으로 진동하여, 초음파를 발생시킬 수 있다. 또 마찬가지로 초음파 진동에 의한 압전 효과에 의해 교류 전압을 발생시켜 초음파 센서로 이용할 수 있다. 여기서는 세라믹 초음파 센서의 응용 회로로서, 미리 설정한 거리 내에 물체나 인체가 들어가면 검지하는 근접 스위치의 동작을 하는 거리계를 제작하고 회로의 동작을 설명하면 다음과 같다.

7-1 초음파의 성질

초음파란 일반적으로 20 kHz 이상의 주파수를 가진, 사람이 들을 수 없는 음을 말한다. 먼저 공중 초음파의 기본적인 성질에 대하여 설명한다.

7-1-1 파장과 분해능

초음파의 파장은 그 전달 속도를 주파수로 나눈 값이 된다. 전자파의 속도는 $3\times10^8\,\mathrm{m/s}$이지만, 공중의 음파 전파 속도(음속)는 344 m/s로 아주 느리기 때문에 파장이 짧아진다(40 kHz의 경우 파장은 약 8.6 mm). 파장이 짧으면 거리 방향의 분해능이 높아 정밀도가 높은 계측이 가능하다.

7-1-2 반사하는 것

물체의 유무를 검지하기 위해서는 초음파가 물체에 닿아 반사하는 것이 필요하다. 금속, 목재, 콘크리트, 유리, 종이 등은 초음파를 거의 100 % 반사하지만, 면이나 솜 등과 같이 부드러워 공기를 내포하고 있는 물체는 초음파를 흡수하기 쉬우므로 센서 회로의 앰프 이득을 높일 필요가 있다.

7-1-3 온도가 영향을 미치는 것

공기 중에서 음파의 전파 속도 c는 간단하게 다음 식과 같이 나타낼 수 있다.

$$c = 331.5 + 0.607\, t\ (\text{m/s})$$

$$t : \text{주위의 온도}(\text{℃})$$

즉, 주위 온도에 의하여 음속이 변화하기 때문에 물체까지의 거리를 항상 좋은 정밀도로 측정하기 위해서는 온도에 의한 보정이 필요하다.

7-2 초음파 센서의 원리와 종류

공중에서 사용하는 초음파 센서는 압전 세라믹스에 전압을 인가하면 전압에 따른 기계적 일그러짐이 발생하거나 또 반대로 세라믹스에 일그러짐을 가하면 전압이 발생하는 성질을 말한다.

초음파 센서는 센서 자체가 갖는 고유 진동 주파수와 같은 주파수의 교류 전압을 가함으로써 가장 효율적으로 음파를 발생시킨다. 그리고 물체로부터 반사된 음파를 이번에는 센서에 일그러짐으로 부여하여, 발생하는 전압을 회로에서 처리함으로써 침입자 검지나 거리 측정을 할 수 있다.

표 7-1에 초음파 센서의 예를 나타냈다. 주파수대는 23~400 kHz로 광범위한데, 그 중에서도 40 kHz가 가장 많이 사용된다. 또 구조와 용도에 따라 사진 7-1 (a)의 개방형은 실내나 차내에서의 물체, 인체의 거리 검지나 침입자 검지 등에 사용되고 있다. 사진 7-1 (b)의 방적형은 자동차의 후방 검지 등과 같은 실외에서의 거리 검지에 사용되고 있다. 그리고 사진 7-1 (c)와 같이 높은 거리 검지 정밀도가 필요한 FA 기기 등에 사용되는 고주파형으로 분류할 수 있다.

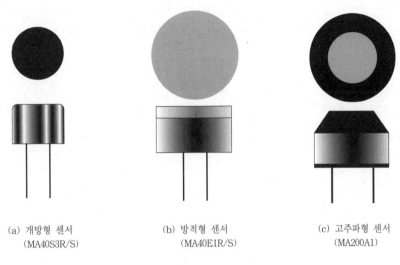

(a) 개방형 센서   (b) 방적형 센서   (c) 고주파형 센서
    (MA40S3R/S)   (MA40E1R/S)   (MA200A1)

사진 7-1 초음파 센서의 종류

7-3 초음파 센서에 의한 거리 측정 회로

여기서는 40kHz의 초음파 센서를 사용하고 있으나, 인체나 물체의 거리를 측정하는 응용 회로에 대하여 설명한다.

7-3-1 측정 원리와 회로의 동작

거리를 측정하는 경우는 그림 7-1에 나타낸 바와 같이 펄스의 반사 시간 T를 측정한다. 그림 7-2에 거리 측정 회로를 나타낸다. 회로상의 가변 저항 PM_1을 가변하고, 센서와 물체나 인체와의 기준 거리 L을 설정한다. 그리고 물체나 인체가 L 내에 존재하고 있는 경우에는 출력이 항상 "H"로 되고, 존재하지 않는 경우에는 항상 "L"로 된다.

표 7-1   초음파 센서의 예

(1) 송신·수신 전용형

항 목 \ 형 명	MA23L3	MA40A5R /S	MA40B5R /S	MA40E1R /S	MA40S3R /S
공칭 주파수 (kHz)	23	40			
감도[*2] (dB)	−70 이상	−67이상	−67 이상	−74 이상	−67±6
음압[*3] (dB)	(102)	112이상	112 이상	106 이상	111±6
지향성(deq)	80°	50°	50°	100°	100°
정전용량(pF)	2800	2000	2000	2200	1600
허용 입력 전압(Vrms)	20	20	20	20	10
사용 온도 범위[*4](℃)	−20~+60	−20~+85	−20~+85	−30~+85	−30~+85
검지 거리(m)	0.2~6	0.2~6	0.2~6	0.2~3	0.2~4
분해능(mm)	15	9			
외형 치수(mm)	24 ϕ×10.7h	16 ϕ×12h		18 ϕ×12h	10 ϕ×7.1h
중량(g)	5.7	2.8	2.3	4.5	0.6
특징	광대역	범용 광대역	범용 광대역	방적형	흑색 케이스

*1R : 수신용 S : 송신용 *2 감도 : 0 dB=1V/μbar *3 음압 : 거리 30 cm 0 dB=2×110
　0 dB=2×10⁻⁴ μbar, *4 사용온도 범위는 실사용에는 견딜 수 있는 범위

(2) 송신·수신 겸용형

항목 \ 형명	MA40B6	MA80A1	MA200A1	MA400A1
공칭 주파수 (kHz)	40	75	200	400
송·수신 감도(dB)	−54 이상 (at 30 cm)	−47 이상 (at 50 cm)	−54 이상 (at 20 cm)	−74 이상 (at 10 cm)
지향성 (deq)	40°	7°	7°	7°
정전용량 (pF)	1100	940	360	180
허용 입력 전압(Vrms)	20	30	20	20
사용 온도 범위[*2](℃)	−20~+85	−10~+60	−10~+60	−10~+60
검지 거리(m)	0.2~4	0.5~5	0.2~1	0.06~0.3
분해능(mm)	9	4	2	1
외형 치수(mm)	16 ϕ×12h	47 ϕ×24.5h	19 ϕ×1.6h	11 ϕ×10.5 j
중량(q)	1.8	93	6.0	
특징	범 용		고 정 밀 도	

*1 송·수신 감도 : 0 dB=20 Vc-p *2 사용온도범위는 실사용에 견딜 수 있는 범위

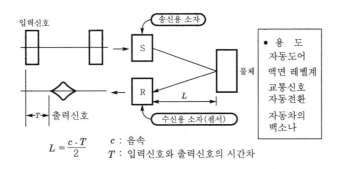

$$L = \frac{c \cdot T}{2}$$

c : 음속
T : 입력신호와 출력신호의 시간차

그림 7-1   펄스 반사 시간의 계측에 의한 거리 측정

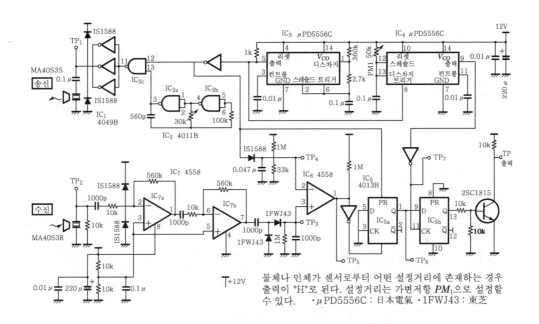

그림 7-2   펄스 반사 시간 방식에 의한 측정 회로

7-3-2   회로 각 부의 설명

그러면 회로 각 부에 대한 동작을 설명한다.

사진 7-2 (a), (b)는 송신측 소자에 대한 송신 전압파형(TP$_1$)이다. 타이머 IC μPD5556C (IC$_3$)가 펄스 폭과 펄스 주기를 결정하며, IC$_2$의 4011B에서 40 kHz의 CR 발진을 한다.

단, CR 발진 회로는 온도에 의한 발진 주파수의 변동이 크기 때문에 그림 7-3에 나타낸 바와 같은 수정 발진을 사용하는 편이 좋은 경우도 있다. 사진 7-3은 수신측 센서의 수신 전압 파형이다(TP$_2$). 사진의 좌측에 발생하고 있는 전압은 송신측 센서로부터 직접 수신측 센서에 전파된 초음파에 의한 전압이다. 이것을 피드백(feedback) 신호라 부른다. 그리고 우측에 발생하고 있는 전압이 센서로부터 약 95 cm 떨어진 인체에서 반사된 음파에 의한 전압이다. 음속은 34 cm/ms이므로 센서와 인체의 거리가 95 cm인 경우, 음파의 전파 거리는 190 cm이고, 음파의 반사 기간은 5.6 ms가 된다.

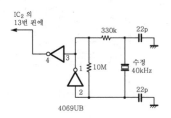

그림 7-3   수정 발진 회로의 예

사진 7-3에 있어서도 펄스 송신시보다 약 5.6 ms 후에 반사 신호가 나오고 있음을 확인할 수 있다. 사진 7-4는 수신측 센서에서 발생한 전압을 OP 앰프 4558(IC$_7$)에서 증폭하고, 다이오드 1FWJ43으로 검파를 한 후의 파형이다.(TP$_3$)

여기서 문제가 되는 것이 반사 신호와 마찬가지로 증폭된 피드백 신호이다. 반사 신호를 계측하기 위해서는 이 피드백 신호를 제거하지 않으면 안 된다. 그래서 사진 7-5 (a)에 나타낸 비교 신호(TP$_4$)를 설치, OP 앰프 4558을 콤퍼레이터(IC$_6$)로 사용하고, 검파 후의 신호와 비교하여 [사진 7-5 (b)] 피드백 신호를 제거한다.

사진 7-6의 상단이 비교후의 신호이다.(TP$_5$)

그러나 일단 "H"에서 "L"로 된 신호가 다중 반사의 영향으로 그 후 "H"와 "L"을 반복하기 때문에 후단의 신호 처리가 어려워진다. 그래서 4013B(IC$_{5a}$)를 RS 플립플롭으로 사용하고 비교 후의 신호를 음파의 반사 시간만 "H"가 되도록 한다.(사진 7-6)

초음파 센서를 사용한 거리 측정 회로의 경우, 이상으로 언급한 방법이 일반적으로 이용되고 있다. 그리고 이후의 신호 처리에 대해서는 센서의 사용 목적이나 조건에 따라 마이컴으로 처리하는 것이 일반적이다. 그러나 여기서는 마이컴을 사용하지 않는 회로에 대하여 설명한다. 그 방법으로서는 사진 7-7(TP$_7$)과 같이 μPD5556(IC$_4$)에 의해 거리 1 m에 해당하는 음파의 반사 시간(음파가 나오고 나서 5.8 ms)을 가변 저항 PM_1을 조정하여 "L"로 한다. 5.8 ms 이후는 다음 음파가 나오기까지 "H"로 된다.(거리 설정 신호)

그리고 4013B(IC$_{5b}$)를 D 플립플롭으로 사용하고, 거리 설정 신호를 클록 펄스(CK)로 하며, RS 플립플롭의 출력을 데이터(D)로 한다. 출력 Q는 클럭 펄스가 송신 후 5.8 ms이고, "L"에서 "H"로 상승했을 때에 데이터가 "H"(거리가 1 m를 넘고 있다)인가 또는 "L"인가에 따라 달라진다.

센서와 물체, 인체의 거리가 1 m를 넘고 있을 때는 출력은 "H"로 된다. 반대로 거리가 1 m 미만일 경우는 "L"로 된다.

그리고 마지막으로 이 D 플립플롭의 출력을 오픈 컬렉터로 하고, TP$_8$에서 출력한다. 오픈 컬렉터의 출력은 D 플립플롭의 출력을 반전한 것이 된다(사진 7-8 (a),(b)). 이와 같이 해서 정해진 거리 내의 인체나 물체를 검지할 수 있다.

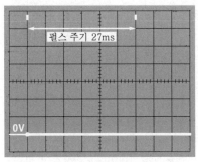

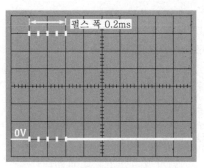

(a) 펄스 주기(5ms/div)

(b) 펄스 폭(0.1ms/div)

사진 7-2 송신 전압 파형(TP₁, 2 V/div)

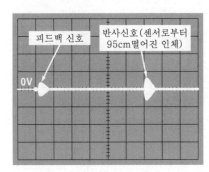

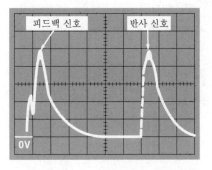

사진 7-3 수신 전압 파형
(TP₃, 10 mV/div, 1 ms/div)

사진 7-4 증폭·검출 후의 파형
(TP₃, 2 V/div, 1 ms/div)

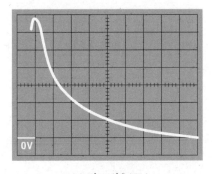

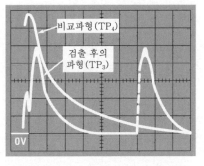

(a) 비교 신호(TP₄)

(b) 검파 후의 파형(TP₃)과 비교 신호(TP₄)

사진 7-5 비교 신호에 의한 피드백 신호의 제거(2 V/div, 1 ms/div)

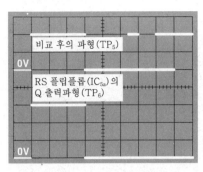

사진 7-6 비교 후의 파형
(5 V/div, 2 ms/div)

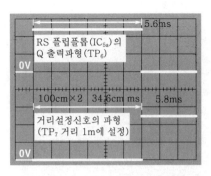

사진 7-7 거리 설정 신호의 파형
(5 V/div, 1 ms/div)

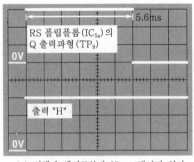

(a) 인체가 센서로부터 95 cm 떨어져 있다.
출력은 "H"

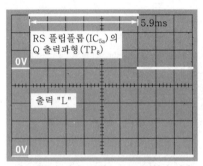

(b) 인체가 센서로부터 102 cm 떨어져 있다.
출력은 "L"

사진 7-8 거리를 판별하고 있는 부분(5V/div, 1ms/div)

7-4 초음파 포텐셔미터의 펜 리코더에의 응용

우리 주변에는 컴팩트 디스크나 레이저 디스크의 픽업 위치 결정, 카메라의 자동 초점 제어 등 직접 눈으로 볼 수 없는 곳에서 여러 가지 정밀한 위치 제어가 이루어지고 있다. 색다른 초음파에 의한 위치 측정을 하여 위치 제어를 하는 서보계를 예를 들어 설명한다.

7-4-1 기록계

기록계는 측정 신호(전압, 온도, 압력, 유량 등의 물리량)의 시간적 변화를 기록지에 기록하는 장치이다. 최근에는 데이터를 CRT에 표시하고 필요에 따라 프린트 아웃하는 방법이 이용되는 경우가 많아지고 있지만, 측정 신호의 감시나 기록을 남기고 데이터를 관리하는 곳에서는 현재도 널리 사용되고 있다.

기록계는 그 용도에 따라 공업용, 연구실용 등으로 분류할 수 있는데, 공업용 기록계는 공장 등에서 연속적으로 사용되는 것을 전제로 하기 때문에 신뢰성이나 보수성, 수명이 특히 중요하다.

종래에는 기록계 전체가 아날로그계로 구성된 고정 레인지의 것이 주류였지만, 마이크로프로세서의 등장과 더불어 A-D 컨버터를 통하여 신호를 디지털적으로 취급하고, 기록 레인지나 종이 이송 등을 자유로이 설정할 수 있는 모델이 증가하고 있다.

공업용 기록계를 기록 방식별로 분류하면 타점식 기록계와 펜 쓰기식 기록계가 있다.

타점식 기록계는 온도 등과 같이 비교적 변화가 느린 신호를 간헐적으로 도트해 가는 타입의 것으로, 기록 헤드부는 도트 임팩트 방식이나 잉크젯 방식의 헤드가 사용되며, 헤드의 위치 결정은 펄스 모터에 의해 이루어지고 있다.

펜 쓰기식 기록계는 비교적 변화가 심한 신호를 연속적으로 기록해 가는 타입으로, 기록 자체는 일반적으로 필기에 사용되는 벨트 펜이 주류이며, 항상 정확한 기록 위치를 확보하는 것, 비교적 고속의 신호에 추종하는 것이 필요하기 때문에 그 펜 위치를 폐루프계로 제어하고 있다.

이 타입의 기록계에 대한 구성예를 그림 7-4에 나타냈다.

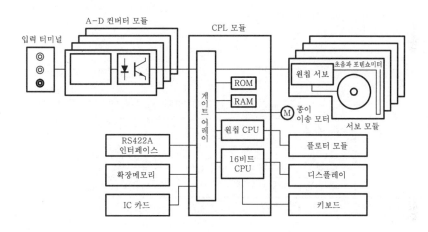

그림 7-4 펜 쓰기식 기록계의 전체 구성도

▶ 위치 검출 요소

기록계의 위치 결정뿐만 아니라 폐루프계의 위치 결정 제어계에서는 위치 센서에 오차가 있는 경우, 그 오차분 만큼 벗어난 위치에 평형하고 만다. 그 때문에 높은 운동 정밀도를 얻기 위해서는 고정밀도의 위치 센서를 사용할 필요가 있다.

일반 위치 제어에 있어서는 그 상황에 따라 전기, 자기, 빛 등의 여러 가지 물리 현상을 응용한 위치 센서가 사용되고 있다. 그러나 기록계는 프린터와 같은 내장형이나 소규모인 것이 전제인 경우, 필요한 정밀도, 코스트, 사용의 편리성을 고려하면 역시 저항 포텐셔미터, 광학식 인코더가 압도적으로 사용되고 있다. 저항 포텐셔미터가 수명이 있는 부품이라는 점, 광학식 인코더에서는 저가격으로 고분해능의 것을 요구하면 인크리멘털형으로 되는 점은 공업용 기록계와 같이 가혹한 환경에서도 장기 신뢰성을 필요로 하는 서보계에 따라 큰 불안 재료가 된다.

이 점을 개선하기 위하여 각사에서 각종 비접촉으로 절대 위치 측정이 가능한 위치 센서를 제안하고 있다. 예를 들면 바리콘과 같이 대향하는 두 전극간의 정전 용량을 회전각에 따라 변화시키는 가변 용량식, 같은 장소에 설치된 두 코일 간의 상호 인덕턴스를 가동식 헤드의 위치에 따라 변화시키는 가변 인덕턴스식 등이 실제로 사용된 예가 있지만, 그다지 보급되지 않았다. 여기서는 비접촉으로 절대 위치 측정을 하는 방법의 하나로 초음파 포텐셔미터에 대하여 설명한다.

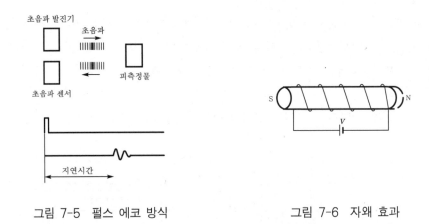

그림 7-5 펄스 에코 방식   그림 7-6 자왜 효과

표 7-2 초음파 위치 센서의 예

전파매체	적용 예	전파 속도
기체(공기)	자동, 도어 센서, 거리계	200~400 m/s
액체(물)	어군 탐지기, 잠수함의 소나	900~2000 m/s
고체(금속)	금속 탐상장치	2000~6400 m/s

7-4-2 초음파 포텐셔미터의 윈리

(1) 일반적인 초음파 위치 센서

초음파란 앞에서도 살펴본 바와 같이 사람의 가청 주파수 이상의 주파수의 음으로, 통상 20kHz 이상의 비가청 범위의 주파수음(탄성파)을 말한다. 박쥐나 돌고래는 체내에서 이 초음파를 발진하여 물체로부터 반사되어 오는 초음파를 청취함으로써 그 지연 시간으로 물체와의 거리를 측정하고 있다. 일반적으로 초음파에 의해 위치를 측정하는 경우, 그림 7-5와 같은 에코 방식이 사용된다. 이와 같은 방법을 표 7-2에 나타낸 바와 같이 여러 가지 전달 매체를 대상으로 실용화되고 있다.

이들은 초음파가 전자파에 비해 훨씬 저속으로 등속 전파하는 성질과 경계면에서 반사하는 성질을 이용하여 위치를 측정하고 있는데, 그 장점을 종합하면 다음과 같다.

① 위치 신호가 시간폭 신호이며, 디지털 회로에의 응용이 좋다.

② 비접촉으로 물체의 위치 측정을 할 수 있다.

③ 물체의 위치를 절대값으로 측정할 수 있다.

단점으로서는

① 공기의 대류 등 매체 내의 흐트러짐이 있는 경우, 측정이 곤란하다.

② 온도에 따라 전달 속도가 변화하고 정밀도가 악화된다.

③ 지향성을 극단적으로 올리는 것은 곤란하며, 따라서 여러 점에서 반사를 일으키고 만다.

등을 들 수 있다.

그래서 초음파 포텐셔미터는 전달 매체(초음파 가이드)로 균질한 봉 또는 시트를 사용하고, 펄스 에코 방식이 아니라 어떤 고정점으로부터 측정점까지의 초음파 전달 시간으로부터 거리를 측정하는 방식을 취함으로써 앞서 언급한 단점을 극복하고 있다. 이 초음파의 구동/검출에는 자왜/역자왜 효과와 압전/역압전 효과라 부르는 물리 효과가 이용되고 있다.

(2) 자왜 효과/역자왜 효과

그림 7-6과 같이 강자성체에 자계 H를 가하여 자화하면 내부의 자구가 회전하고, 자계의 방향으로 일그러짐을 일으킨다. 이 현상을 자왜 효과(magnetive effect) 또는 줄 효과(Joule effect)라 한다. 반대로 자화된 봉에 응력을 가하면 봉의 자기 저항이 변화하는 현상을 역자왜 효과 또는 빌러리 효과(Villari effect)라 한다. 발생하는 왜율량 $\Delta l/l$ (길이의 변화분/원래의 길이)은 $10^{-5} \sim 10^{-6}$ 정도의 작은 양인데, 응답 속도가 빠르고, 초음파의 구동/검출에 적합하다. 자왜 진동자 재료로서는 순 니켈, 퍼멀로이 등의 자성 금속, 페라이트가 흔히 사용된다.

(3) 압전 효과/역압전 효과

그림 7-7과 같이 강유전체의 결정에 기계적 응력을 부여하여 그 크기에 비례한 분극을 일으키고, 결정 표면에 전압 V를 발생시킨다. 이 현상을 압전 효과 또는 역피에조 효과(piezo electric effect)라 한다.

반대로 이 결정에 전압을 가하면 전압에 비례한 기계적 일그러짐을 일으키는 현상을 역압전 효과, 또는 역 피에조 효과(inverse piezo electric effect)라 한다.

그 일그러짐의 발생 형태는 자왜 효과와는 다음 두 가지 점에서 다르다.

① 결정에 부여된 전압의 방향에 따라 일그러짐의 방향도 달라진다.

② 결정에 부여된 전압의 방향 이외에 그것과 직교하는 방향으로도 일그러짐을 일으킨다.

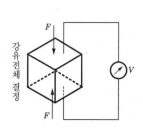

그림 7-7 압전 효과

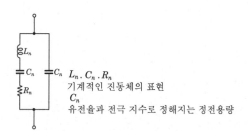

그림 7-8 압전 진동자의 등가 회로

압전 효과를 일으키는 결정으로 수정, 로셸염, 티탄산바륨, 티탄산지르콘산염(PZT) 등이 있으며, 그 중에서도 PZT는 특히 큰 압전성을 나타내며 (왜율량)/(전계의 강도)=200~500× 10^{-12}(m/V) 정도의 값이 된다.

또 주위의 환경 변화에 대해서도 안정하며, 압전 전동차 재료로 흔히 사용된다. 압전 진동 자를 회로측에서 본 공진점 근방에서의 등가 회로를 그림 7-8에 나타낸다.

⑷ 초음파 포텐셔미터의 구성

실제의 초음파 포텐셔미터는 그림 7-9와 같이 구성되며, 초음파 가이드, 초음파 구동부, 초 음파 검출부로 되어 있다. 초음파 가이드로서는 자왜 특성이 있는 니켈의 박판상의 시트를 띠 양으로 에칭한 것을 사용한다. 니켈재는 비교적 자왜 효과가 크고, 내환경성이 우수하며 입수 성이 좋기 때문에 최적한 재료라 할 수 있다. 초음파 가이드는 그 자왜 특성이 부재내에서 균 일한 것이 위치 측정의 확도상 중요한 포인트가 되므로 재료를 제작하는 데 있어서 소재의 성분이나 내부 응력 상태에 대한 충분한 배려가 필요하게 된다.

형상은 환봉이나 파이프 모양의 것과 자왜 지연선 재료로 사용되는데, 구동/검출 효율, 전 달 특성의 면에서 아주 얇은 것이 유리하므로 시트 형상으로 하고 있다.

초음파 구동부는 앞서 언급한 시트 끝 부분에 박판사의 압전 소자를 접착함으로써 형성된 다.

압전 소자의 비접착면 시트 간은 압전 소자, 접착층이라는 수 nF의 직렬 정전 용량으로 볼 수 있으므로 여기에 교류적으로 전압을 가함으로써 전기적 구동이 가능하게 된다.

압전 소자는 비교적 전기 신호-기계 진동의 변환 효율이 높고, 검출 신호를 크게 할 수 있 어 SN비가 높게 취해진다.

그러나 진동 방향이 가이드의 긴쪽 방향 이외의 방향으로도 진동하여 검출 파형에 노이즈 를 발생시키거나 고체 소자이기 때문에 비교적 공진시의 Q값이 높고, 검출 파형 다음에 링 이 발생하는 등의 설계상 곤란한 점도 많이 있다. 여기서는 압전 소자부에 제동재를 붙임으로 써 불요 진동을 제동하고 있다.

초음파 검출부에는 초음파 가이드에 따라 변위 가능한 자기 헤드를 사용한다. 이 자기 헤드 에서는 그림에 나타낸 바와 같이 자기 회로가 구성되고, 검출 출력을 얻기 위해 초음파 가이 드에 직류 바이어스 자계를 부여하는 영구자석이나 자기 회로를 흐르는 총자속량의 변화를 판독하는 코일이 붙어 있다.

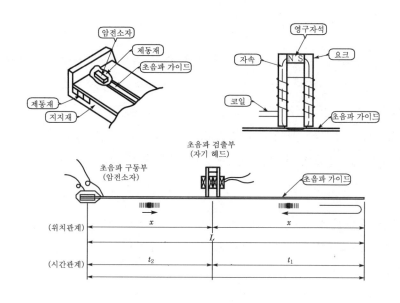

그림 7-9 초음파 포텐셔미터의 구성

⑸ 초음파 검출 헤드의 동작

압전 소자에 펄스상으로 전압을 부여하면 압전 소자 및 그 초음파 가이드의 접착된 부분에 역전압 효과에 의한 국부적인 기계적 일그러짐(초음파)이 발생하고, 좌우로 전달해 간다. 전달하는 초음파 펄스는 이상적으로는 그 파장이 대략 압전 소자의 기하학적 길이와 같은 구형파 펄스가 되지만, 실제로는 기계 진동의 차단 주파수, 입력 펄스폭, 압전 소자 용량 등의 영향으로 약간 파장이 긴 완만한 파형으로 된다.

초음파가 검출 헤드부의 자기 회로에 들어가면 자기 회로 내의 시트부 자기 저항이 역자왜 효과에 의해 변화하고, 헤드 요크에 감겨 있는 코일을 쇄교하는 총자속량에 변화가 일어나므로 코일 양단에는 다음과 같은 전압 펄스가 발생한다.

$$V = N \cdot d\phi/dt \quad \cdots\cdots\cdots\cdots\cdots\cdots\cdots\cdots\cdots\cdots\cdots\cdots\cdots\cdots\cdots\cdots\cdots\cdots\cdots \quad (7.1)$$

N : 코일 권선수, ϕ : 코일을 쇄교하는 총자속량

그 후, 초음파는 다시 계속해서 전달하여 반사단에서 반사 후, 재차 검출부를 통과하여 구동단에서 반사, 초음파 가이드 속을 좌우로 몇 십회 왕복한다. 그리고 순차 전달에 수반되는 분산, 감쇠에 의하여 그 진폭을 감쇠시켜 간다.

이상의 결과를 실제 파형으로 보면 그림 7-10과 같이 된다.

여기서 지연 시간 t_1 은 초음파가 구동되고 나서 검출 헤드의 위치까지 전달하는 시간이므로 전달 거리 x' 는 전달 지연 시간에 음속을 곱하면 구해지며, 다음 식과 같이 표현된다.

$$x' = S \cdot t_1 \quad \cdots\cdots\cdots\cdots\cdots\cdots\cdots\cdots\cdots\cdots\cdots\cdots\cdots\cdots\cdots\cdots \quad (7.2)$$

x' : 전달 거리, S : 음속, t_1 : 지연 시간

지연 시간 t_1 은 구동 전압 펄스의 상승에서 검출 전압 펄스의 하강까지를 측정함으로써 이론적으로는 압전 소자와 검출 헤드의 중심 간 거리를 음속으로 나눈 값이 된다.

그러나 실제의 파형은 일그러져 있고, 또한 0점 전위를 통과하는 시간을 측정하는 것은 노이즈 등의 영향으로 곤란하기 때문에 검출 파형을 컴퍼레이터에서 받아 임계값 전압 V_{th} 로 되기까지의 시간을 측정하고 있다. 이것은 중심 간 거리를 오프셋을 가지고 측정하는 것과 같다.

(6) 온도 변화에 대한 보상

이상으로 검출 헤드의 절대 위치를 측정할 수 있게 되는데, 실제 사용상은 재료의 온도에 의한 음속의 변화가 크고, 그 보상을 하는 것이 필요하게 된다. 고체를 전달하는 초음파의 음속은 근사적으로 다음 식과 같이 표현된다.

$$S = \sqrt{E/\rho} \quad \cdots\cdots\cdots\cdots\cdots\cdots\cdots\cdots\cdots\cdots\cdots\cdots\cdots\cdots\cdots \quad (7.3)$$

E : 영률(세로 탄성률), ρ : 밀도

물체의 영률이나 밀도는 어느 것이나 온도에 따라 변화하기 때문에 그 함수인 음속도 온도에 따라 변화한다. 그 값은 일반 금속에서 0.1 %/℃ 정도, 순니켈에서도 0.16 %/℃나 되는 큰 값이 된다. 온도를 측정하고 직접 보상 연산을 해도 되지만, 여기서는 다음과 같이 부가적인 요소를 사용하지 않고 보상 동작이 가능한 연산 방식을 채용했다.

먼저 전달 시간 측정에 대하여 구동부로부터 검출부로의 전달 시간(t_1)과 반사단에서 반사하여 다시 검출부에 도달하기까지의 시간(t_2)을 측정한다.

그리고 얻어진 시간폭 신호에서 다음의 연산을 한다.

$$X = \frac{t_2 - t_1}{t_2 + t_1} = \frac{x}{L} \quad \cdots\cdots\cdots\cdots\cdots\cdots\cdots\cdots\cdots\cdots\cdots\cdots\cdots \quad (7.4)$$

여기서 그림에서 명백한 t_1, t_2에 관한 다음의 관계를 이용하고 있다.

$$t_1 = \frac{x'}{S} = \frac{L - x}{S}, \quad t_2 = \frac{2L - x'}{S} = \frac{L + x}{S}$$

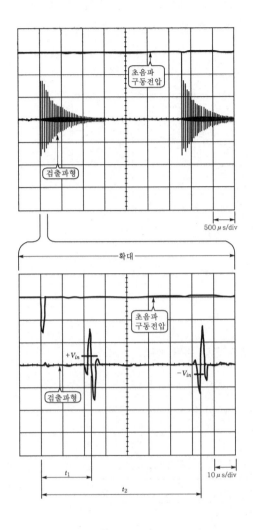

그림 7-10 검출 파형

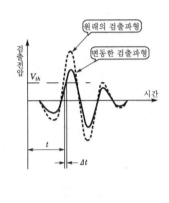

그림 7-11 검출 파형의 레벨 변동에
의한 시간 측정 오차

이 연산결과는 측정 거리/전장이라는 무차원의 위치 정보를 얻고 있는 것이 되며, 식 중에 온도에 관한 항이 포함되어 있지 않으므로 원리적으로 온도에 의한 음속의 변화 영향이 없어진다.

또 이 연산은 그림 7-11과 같이 초음파 검출 파형의 크기가 변화하고, 시간폭 측정값 t_1, t_2에 오차 Δt가 발생하는 경우에도 식 (7.4)에서 명백히 한 바와 같이 연산값의 오차가 적어지도록 작용하므로 기본적인 정확도 개선에도 효과가 있다.

⑺ 변환 회로

앞서 언급한 연산을 하는 포텐셔미터의 변환회로는 카운터와 마이크로프로세서 등을 사용한 연산 회로에 의해서도 구성할 수 있는데, 니켈재의 초음파 전달 속도는 4.6 km/s 정도로 빠르며, 측정 분해능은 0.1 mm로 비교적 거친 값으로 해도 시간 계측의 분해능은 0.1 mm/4.6 km/s=0.02 μs로 비교적 고속의 카운터를 필요로 한다. 여기서 응용 범위가 넓은 아날로그 전압으로의 변환 회로에 대하여 언급한다.

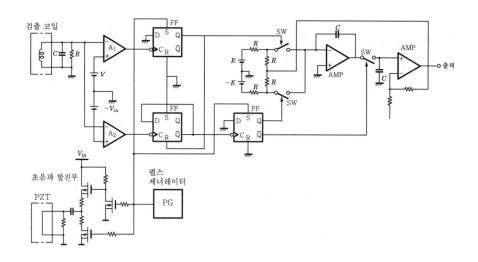

그림 7-12 시간폭-아날로그 전압 변환 회로

그림 7-12에 (7.4) 식의 연산을 하고, 시간폭 t_1, t_2를 변위량에 비례한 아날로그 전압으로 변환하는 회로의 구성과 그림 7-13에 타이밍 차트를 나타낸다.

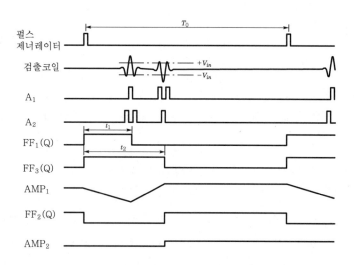

그림 7-13 변환 회로의 타이밍 회로

다음은 그 동작에 대하여 설명한다.

펄스 발생기 PG에서 발생한 펄스 전압은 FET에 의한 파워 앰프를 거쳐 PZT를 구동하고, 초음파 가이드에 초음파를 발생시켜, 동시에 플립플롭(FF$_1$, FF$_2$)을 세트한다. 초음파 가이드 중에 발생한 초음파는 음속 S로 검출 헤드에 전달하고, 다시 반사단에서 반사 후, 재차 검출 헤드에 도달, 역자왜 효과에 의해 각각의 타이밍으로 검출 전압 펄스가 발생한다.

펄스 전압은 컴퍼레이터 A_1, A_2에서 비교되고 FF_1~FF_3에 입력됨으로써, FF_1, FF_3에서 t_1, t_2의 시간폭 신호가 출력된다. 여기서 FF_2, FF_3는 검출 파형이 양음의 값을 취하고, $\pm V_{th}$ 레벨을 통과하기 때문에 A_1, A_2 출력이 그림에서와 같이 복수 펄스를 발생하고, 그 중에서 목적하는 t_1, t_2를 선별하도록 동작한다.

PG의 펄스 발생 주기 T는 전회 발생한 초음파가 가이드 내에서 충분히 감쇠하는 시간에 설정되어 있다. 여기서는 약 130 mm의 초음파 가이드 길이에 대하여 300 MHz~1 kHz의 반복 주기로 하고 있다.

SW_1, SW_2는 FF_1, FF_3가 H 레벨일 때에 ON으로 되고, t_1, t_2의 합과 차에 비례한 전류가 적분기 AMP_1의 입력 신호로 된다. SW_3은 AMP_1의 출력이 안정했을 때에 그 출력을 샘플 & 홀드하기 위한 스위치로 홀드 전압은 콘덴서 C_2에 보존되고, AMP_2의 입력 전압으로 되어 AMP_1에 부귀환된다. 이와 같이하여 AMP_2의 출력은 샘플 주기 T마다 변화하게 된다.

nT 시각(n은 정수)에 있어서 AMP_2의 출력을 y_n으로 하면 y_n과 t_1, t_2간에 다음 식의 차분 방정식이 성립한다.

$$y_n = k_1 \cdot x_{n \cdot 0} + k_2 \cdot y_{n-1} \cdot x_{n1} + y_{n-1} \quad \cdots\cdots\cdots\cdots\cdots\cdots\cdots (7.5)$$

y_{n-1} : ($nT - T$)에 있어서 AMP_2의 출력 전압

x_{n0} : nT에 있어서 $t_1 - t_2$

x_{n1} : nT에 있어서 $t_1 + t_2$

k_1 : $-A \cdot Es/C_1 \cdot R_2$

A : AMP_2 증폭률

여기서 x_{n1}은 일정 값으로 생각해도 되므로 x_{n0}가 스텝상으로 변화한 경우의 응답을 식 (7.5)에서 구하면 다음 식과 같이 된다.

$$y_n = \frac{-k_1 \cdot x_{n0}}{k_2 \cdot x_{n1}} [1 - (1 + k_2 \cdot x_{n1})^{n+1}] + y_{-1}(1 + k_2 \cdot x_{n1})^{n+1} \quad \cdots\cdots\cdots\cdots (7.6)$$

(7.6) 식에서 $1 + k_2 \cdot x_{n1} = 0$이 되도록 설정하면 y_n은 1회의 샘플링으로 최종값에 정착, 최단 시간 응답을 할 수 있다. $1 + k_2 \cdot x_{n1} \neq 0$의 경우는 다음과 같은 과도 응답을 나타내는데, 실용적으로는 근방에서 사용하면 충분한 정밀도가 얻어진다.

• $0 < 1 + k_2 \cdot x_{n1} < 1$: 오버 댐핑

- $-1 < 1 + k_2 \cdot x_{n1} < 0$: 언더 댐핑

- $1 + k_2 \cdot x_{n1} = -1$: 발진

- $1 + k_2 \cdot x_{n1} < -1$: 발진

그림 7-12의 회로에서 AMP$_2$ 출력의 정상값은 식 (7.6)의 제 1항만으로 그 중에는 피측정량인 t_1, t_2의 차와 합의 비 x_{n0}/x_{n1} 이외에는 저항 R_1, R_2, 기준 전압 E_s가 포함되는 것이다. 이들은 기계 계통에 비교하여 높은 안정도를 얻을 수 있으므로 이 회로를 사용함으로써 안정도가 높은 변위-아날로그 전압의 변환이 가능하게 된다.

⑻ 펜 서보 유닛

펜 서보 유닛은 기록 연산 제어부로부터 보내오는 기록 위치 신호에 기인하여 펜을 기록지 상에 평형시키는 유닛이다. 여기서는 앞서 언급한 초음파 포텐셔미터를 실제로 사용한 기록계의 펜 서보 유닛으로 어떻게 서보계가 구성되는가를 설명한다.

펜 서보 유닛의 구조는 그림 7-14에 나타낸 바와 같이 시트상의 초음파 가이드, 박판상의 압전 소자를 사용함으로써 박형에 형성된 초음파 포텐셔미터와 편평형의 모터를 사용하는 유닛을 적층하여 다펜형의 기록계를 구성할 수 있게 하고 있다.

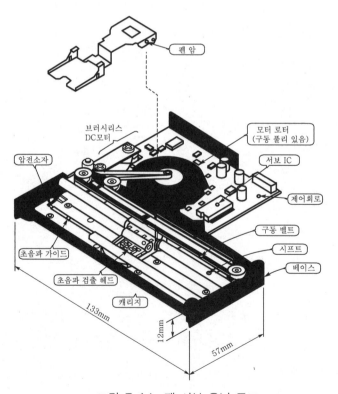

그림 7-14 펜 서보 유닛 구조

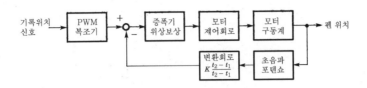

그림 7-15 펜 서보계의 블록도

기록을 하는 기록 펜은 베이스 위를 샤프트를 따라 습동하는 캐리지에 부착된 펜 암에 유지되어 동작하는데, 베이스에는 초음파 가이드, 캐리지에는 검출 헤드가 각각 일체로 형성되어 펜의 위치를 직접 귀환하는 구성으로 되어 있다.

또 모터는 프린트 판상에 코일, 홀소자, 로터가 직접 구성되어 있다. 모터의 형식은 발열이 적고 전류 브러시의 접촉에 의한 수명을 걱정할 필요가 없는 DC 브러시리스 모터(비 접촉 홀 모터)를 사용하고 있다. 로터 상부에는 벨트 구동용의 풀 부착되어 캐리지에 부착된 벨트를 직접 구동함으로써 기어 다운에 의한 백러시 등의 제어계의 안정성을 손상시키는 기계적 요인을 제거하고 있다.

제어계는 그림 7-15의 블록도에 나타낸 바와 같이 입력이 PWM 신호로 주어지는 이외에는 일반 아날로그계 DC 서보라 생각되는데, 대진폭시에는 모터의 속도 포화 영역까지 사용되어 미세한 기계적 요동이 있는 등 비선형적인 영향에 대한 설계, 평가상의 배려가 필요하게 된다.

센서 입력 회로

센서 회로를 설계할 때에 가장 염두에 두어야 할 사항은 "어떻게 하면 가격 대비 성능이 좋은 시스템을 구성할 수 있는가" 하는 것이다. 예를 들면 센서가 고성능(그러나 가격이 비싸다.)이면 그 다음의 회로 설계는 아주 쉽다. 시스템의 주요 성능을 센서에 의지하게 되는 경우이다. 개발 기간은 짧지만 비용이 많이 들어가도 되는 경우, 고성능 센서를 사용하고 고가의 부품도 많이 사용하면 그 대신 실험하는 시간은 경감되게 된다. 이것은 제작 제품이 1~10개와 같은 특별 주문 제품에 적용되는 방법이다. 그러나 일반적인 경우에는 ① 가급적 저렴한 센서, ② 저렴한 부품, ③ 고성능의 회로 설계와 같은 설계 조건을 만족해야 한다.

따라서 센서의 선정, 부품의 선정, 회로 설계에는 상당한 시간이 소용되고 실험하는 횟수도 상당히 많게 된다. 또한 "가격이 싼 센서를 사용할 경우라도 사정상 고성능을 요구하는 경우"가 있게 된다. 회로 전체를 고성능화하는 것은 무리지만, "이러한 센서는 아무 소용이 없다." 라고 단념하기 전에 센서를 100% 활용할 수 있도록 해야 한다.

센서에는 수많은 종류가 있지만, 센서 출력의 앰프로 대략 분류해 보면 표 8-1과 같이 된다.

즉,

　① 전압 앰프가 필요한 센서
　② 차동 앰프가 필요한 센서

③ 전류 앰프가 필요한 센서

④ 전하 앰프가 필요한 센서

로 각각 나눌 수 있다. 물론 ①과 ②는 전압 앰프, ③과 ④는 전류 앰프로 묶으면 두 가지로도 분류할 수 있지만 너무 대략적인 것이 된다. 또한 이 밖에도 수정 온도 센서나 칼만 와류량(渦流量) 센서처럼 주파수 출력이 디지털인 것도 있지만, 일반적인 것이 아니므로 여기서는 취급하지 않기로 한다.

표 8-1 필요한 프리 앰프의 종류에 의한 센서의 분류

전압 앰프가 필요한 센서	열전대, 서모파일, galvanic 전자식 센서 (O₂ 센서)등
차동 앰프가 필요한 센서	측온 저항체, 스트레인 게이지식 센서(압력 센서 등), 자기 저항 소자, 홀 센서, 서미스터 등
전류 앰프가 필요한 센서	포토 다이오드, 방사선 센서, UV(자외선) 센서, AC 전류 센서 등
전하 앰프가 필요한 센서	압전형 센서(가속도 센서, 진동 센서), 집전형 적외선센서, 포토 다이오드, 방사선 센서 등

표 8-2 K형 열전대의 열기전력

온도(℃)	열기전력(mV)
0	0
100	4.095
200	8.137
300	12.207
400	16.395
500	20.640

8-1 전압 앰프가 필요한 센서

전압 앰프가 필요한 일반적인 센서로는 열전대가 있다. 또 서모파일은 적외선 센서의 일종이지만, 구조는 열전대(서모커플)를 겹친(파일 업) 것이므로 열전대라고 생각해도 상관 없다. 단, 내부 저항은 수십 kΩ으로 대단히 높아진다. O₂ 센서와 같은 갈바니(galvani) 전자식 센서의 출력도 전압이므로 전압 앰프로 증폭한다.

8-1-1 전압 앰프의 기본 회로

그림 8-1에서 열전대의 전압을 증폭하는 기본 회로를 예로서 보여 주고 있다. 열전대의 내부 저항은 경우에 따라서는 수백 Ω을 넘는 경우도 있으므로 그 영향을 받지 않도록 일반적으로는 비반전 앰프가 기본 회로로 사용된다. 또한 비반전 앰프의 입력 저항이 높은 것을 이용하면 그림 (b)와 같이 번 아웃(burn out) 기능 즉, 센서의 단선을 알려 주는 기능을 간단히 부가할 수 있다.

이 회로의 이득 G는

$$G = 1 + \frac{R_2}{R_1} \quad \cdots\cdots\cdots (8.1)$$

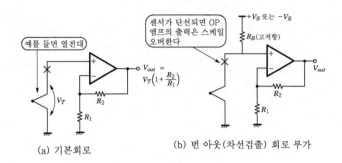

그림 8-1 전압 앰프가 필요한 회로

이와 같이 전압 앰프 자체는 대단히 간단한 것이지만, 열전대의 경우는 기준 접점 보상 회로라든가, 리니어라이즈 회로쪽이 어려워진다.

8-1-2 열전대용 앰프의 설계

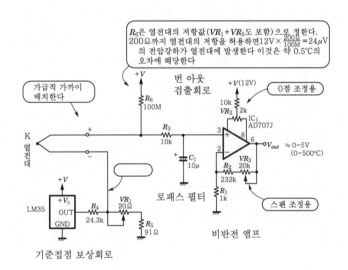

그림 8-2 열전대용 앰프 (0~5V 출력)

그림 8-2에 K형 열전대를 이용하여 0~500℃를 0~5 V로 변환하는 회로를 나타낸다. 기준접점 보상 회로와 번 아웃 회로는 붙어있지만 리니어라이즈는 퍼스컴으로 한다.

열전대의 출력(열기전력)이 표 8-2와 같이 1℃당 약 $40\,\mu$V로 작기 때문에 고정밀도의 OP 앰프를 사용한다. 표 8-3에 고정밀도 OP 앰프의 일례를 나타낸다. 여기서는 AD707J를 사용하고 있다. K형 열전대의 풀 스케일 500℃에서의 열기전력은 표 8-2에서 20.64 mV이므로 필요한 이득 G는

$$G = \frac{5\,V}{20.64}\,mV \fallingdotseq 242$$

표 8-3　각종 고정밀도 OP 앰프의 특성

형 명	입력 오프셋 전압 $(\mu V)_{max}$	입력 오프셋 드리프트 $(\mu V/℃)_{max}$	입력 바이어스 전류 $(nA)_{max}$	오픈루프 이득 $(dB)_{min}$	스루레이트 $(V/\mu s)_{min}$	GB곱 $(MHz)_{min}$	메이커
OP7D	250	2.5	14	102	0.1	0.4	아날로그 디바이스
AD707J	90	1.0	2.5	130	0.15	0.5	
OPGP	100	1.2	2.8	126	0.1	0.4	
OP177G	60	1.2	2.8	126	0.1	0.4	
AD705J	90	1.2	0.15	110	0.1	0.4	
OP97F	75	2.0	0.15	106	0.1	0.4	
LT1001C	60	1.0	4.0	112	0.1	0.4	리니어 테크놀로지
LT1012C	50	1.0	0.15	106	0.1	0.4	

　그림 8-2에서는 $R_1 = 1\,k\Omega$, $R_2 = 232\,k\Omega$, $VR_3 = 20\,k\Omega$으로 하고, VR_3로 $G = 233 \sim 253$까지 가변할 수 있도록 하고 있다. R_3와 C_1은 로패스 필터로서, 시정수를 크게 하면 노이즈 제거 효과는 커지지만, 응답 속도는 악화된다. 또 R_3를 크게 하면 OP 앰프의 입력 바이어스 전류에 의해 오프셋 전압이 발생하므로 너무 크게는 할 수 없다. AD707J의 입력 바이어스 전류는 표 8-3에서 $2.5\,nA_{(max)}$이므로 $R_3 = 10k\Omega$에서는 $2.5\,nA \times 10\,k\Omega = 25\,\mu V_{(max)}$의 전압이 발생하므로 R_3값을 더욱 작게 하지 않으면 안 된다.

　기준 접점 보상은 온도 센서 LM35D를 사용했다. 이 IC는 $10\,mV/℃$ 출력이므로 저항 분할로 그림 8-3의 K형 열전대의 열기전력에 상당하는 전압을 발생시킨다. VR_1으로 ⓐ점의 전압을 $40.44\,\mu V/℃$로 조정한다. 표 8-4에 LM35의 주요 특성이 나타나 있다. R_6은 번 아웃 검출용이다. 열전대가 어긋났을 때, OP 앰프의 출력을 스케일 오버시킨다. 그러나 R_6를 붙이므로써 열전대의 내부 저항에 의해 오프셋 전압이 발생한다. 예를 들면 열전대의 내부 저항을 $200\,\Omega$ ($VR_1 + R_5$를 포함)으로 해서 생각하면 $R_6 = 100\,M\Omega$에서도 $24\,\mu V$의 오프셋 전압이 발생하고 만다. 또 번 아웃되었을 때에 OP 앰프의 입력 바이어스 전류가 R_6에 흐르므로 입력 바이어스 전류가 큰 OP 앰프는 사용할 수 없다. 이러한 점으로도 입력 바이어스 전류가 수백 nA나 되는 범용 OP 앰프는 사용하지 않는 편이 좋을 것이다.

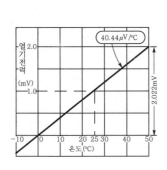

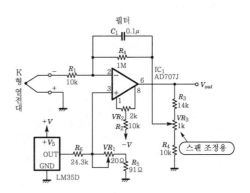

그림 8-3 K형 열전대의 상온 부근에서의
열기전력

그림 8-4 반전앰프에서는 저항에 주의

표 8-4 온도 센서 LM35D의 특성

동작온도범위	$0 \sim 100℃$
정밀도($T_a = 25℃$)	0.6(1.5max)℃
이득	10.0 mV/℃
회로 전류($V_s = 5$ V)	56 μA
동작 전원 전압	$4 \sim 30$ V

그림 8-4는 반전 앰프를 사용한 회로이다. 입력 저항이 10 kΩ으로 작기 때문에 열전대의
내부 저항이 100 Ω이면 1 %의 이득 오차가 발생한다. 내부 저항이 작은 열전대를 사용하는
경우이면 이 회로 구성으로도 지장이 없을 것이다.

8-2 차동 앰프가 필요한 센서

표 8-1에서 알 수 있듯이 차동 앰프를 필요로 하는 센서는 수없이 많다. 이들 센서의 대부
분은 저항값 또는 임피던스의 변화를 이용하기 때문에 나중에 설명하는 드라이브 회로가 별
도로 필요하게 된다. 이 외의 센서는 기본적으로는 드라이브 회로가 필요 없다.

8-2-1 차동 앰프의 기본 회로

차동 앰프의 기본 회로는 그림 8-5와 같다. 그림 8-5에서는 R_B만을 검출 소자로 사용하고
있지만, 센서에 따라서는 R_A와 R_B를 검출 소자로 사용한 하프 브리지로 구성된 것과

$R_A \sim R_D$ 모두를 검출 소자로 사용한 풀 브리지 구성의 것도 있다. 그러나 차동 앰프를 필요로 하는 것은 마찬가지이다.

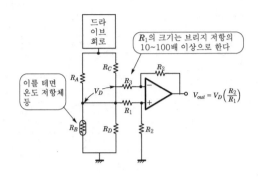

그림 8-5 차동 앰프가 필요한 센서의 입력 회로

8-2-2 백금 측온 저항체용 앰프의 설계

그림 8-6에 1kΩ(@100℃)의 백금 측온 저항체를 사용한 예를 나타낸다. R_0, R_1, R_2로 브리지를 구성하고, 브리지로부터의 차동 출력 e_{out}를 차동 앰프로 증폭한다.

백금 측온 저항체로는 TRRA102B를 사용하고 있다. 0℃에서의 저항값(공칭 저항값)이 1kΩ으로 높기 때문에 배선 저항의 영향을 받기 어렵다는 특징이 있다. 표 8-5는 TRRA102B의 시방을 나타낸다. e_{out}는,

$$e_{out} = \frac{R_1 \cdot \Delta R \cdot V_0}{(R_1 + R_2) \cdot (R_1 + R_0)} \quad \cdots\cdots\cdots\cdots\cdots\cdots\cdots\cdots\cdots\cdots\cdots\cdots (8.2)$$

표 8-5 백금 측온 저항체 TRRA 102B의 특성

형 명	공칭저항값 (Ω)	저항허용차 (%)	온도계수 (ppm/℃)	방열계수 (mW/℃)	온도범위 (℃)	측정전류 (mA)	메 이 커
TRRA102B	1k	0.12	3850±13	91	-50~+600	1	村田제작소

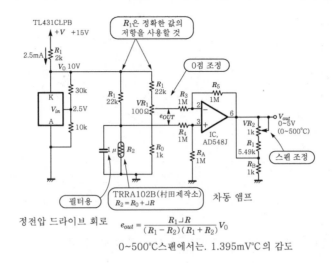

그림 8-6 백금 측온 저항용 앰프

그림 8-6의 정수에서는 e_{out}의 감도는 $1.395\,\mathrm{mV/℃}$가 된다. 따라서 차동 앰프에서의 이득은 $10\,\mathrm{mV}/1.395\,\mathrm{mV}=7.17$배로 된다. 이득은 $1+(R_7+VR_2)/R_8$이므로 VR_2로 $6.49\sim7.49$배의 가변이 가능하다. 그런데 차동 앰프의 입력 저항 R_3와 R_4는 브리지 저항의 영향을 받지 않도록 브리지 저항의 $10\sim100$배 이상이 필요하다. 그림 8-6에서는 $1\,\mathrm{k\Omega}$의 센서를 사용하고 있으므로 입력 저항 R_3와 R_4는 100배인 $1\,\mathrm{M\Omega}$으로 하고 있다. 그 때문에 OP 앰프에는 저 바이오스 전류 타입의 것이 필요하다. 또 센서의 출력이 열전대보다는 상당히 크므로 범용의 FET 입력 OP 앰프로 보통은 충분하다. 표 8-6에 FET 입력 OP 앰프의 특성을 나타낸다.

VD는 드라이브 전압(정전압 동작)이며, 여기서는 TL43을 사용하여 $10\,\mathrm{V}$를 만들고 있다. TL431의 특성을 표 8-7에 나타낸다. 온도 계수는 $50\,\mathrm{ppm/℃(typ)}$이지만, 대부분의 경우 이것으로 충분하다.

표 8-6 FET 입력 OP 앰프의 특성

형 명	입력 오프셋 전압(mV)	오프셋 드리프트 (μV/℃)	입력 바이오스 전류(pA)	오픈루프 이득(dB)	슬루레이트 (V/μs)	GBl곱 (MHz)	메 이 커
AD548J	3_{max}	20_{max}	20_{max}	106_{min}	1.0_{min}	0.8_{min}	아날로그 디바이스
AD711J	3_{max}	20_{max}	50_{max}	100_{min}	16_{min}	3_{min}	
LF411	2_{max}	20_{max}	200_{max}	88_{min}	8_{min}	2.7_{min}	내셔널 세미컨덕터
LF441	5_{max}	$10tp$	100_{max}	88_{min}	0.6_{min}	0.6_{min}	
LF366	10_{max}	$5typ$	200_{max}	88_{min}	12_{typ}	5_{typ}	

표 8-7 션트 레귤레이터 TL431의 C특성

기준 전압	2.495V±55mV
온도 계수	50ppm/℃
최소 캐소드 전압	2.5~36V
출력 전압	2.5~36V
최소 캐소드 전압	0.4(1_{max})mA
기준 전압 단자의 입력 전류	2μA

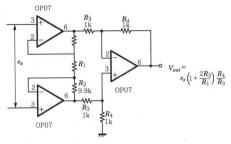

R_3~R_4의 값은 동일한 것을 사용한다.

그림 8-7 고정밀도 회로에 사용되는 차동 앰프
(이득 100의 경우)

8-2-3 고정밀도인 센서로 사용되는 차동 앰프

그림 8-6에서 소개한 차동 앰프는 OP 앰프 1개로 구성되어 있기 때문에 반드시 입력에 큰 값의 저항이 필요했다. 그림 8-6에서도 입력 저항을 R_3 = R_4 =1MΩ으로 하고 있기 때문에 FET 입력의 OP 앰프를 사용하지 않으면 안 되었다.

이 예에서는 다행히도 센서의 출력 전압이 크기 때문에 문제는 없었다. 그러나 100 Ω 저항의 백금 측온 저항체나 스트레인 게이지 압력 센서와 같이 센서의 출력 전압이 작아지면 고정밀도 OP 앰프를 사용할 필요가 있다. 그러면 입력 바이어스 전류가 커지므로 그림 8-7과 같은 구성의 차동 앰프를 사용한다. 이 구성이라면 입력에 센서가 접속될 뿐이므로 고정밀도 OP 앰프를 사용할 수 있다.

8-2-4 동상 전압 제거 회로를 사용하는 방법

차동 앰프에서는 OP 앰프가 3개 필요하며 게다가 저항도 정밀도가 높은 것이 요구된다. 그래서 그림 8-8(a), (b)의 동상 전압 제거 회로라는 것이 필요하다. 이것은 차동 구성의 센서이면 어떤 것이라도 사용할 수 있다. 그림 (a)는 정전류 동작용이고, 그림 (b)는 정전압 동작용의 회로이다.

동작 원리는 다음과 같다. 기본적인 동작은 (a), (b) 모두 같으므로 그림 (a)의 회로로 설명한다. 정전류 회로로부터의 전류는 ⓒ점-ⓓ점을 통하여 OP 앰프 IC1의 출력에 접속되어 있다. 이 IC가 센서의 드라이브 전류가 된다. 또 OP 앰프의 -입력은 GND에 접속되어 있으므로 당연히 +입력의 ⓐ점의 전위도 0V이다.

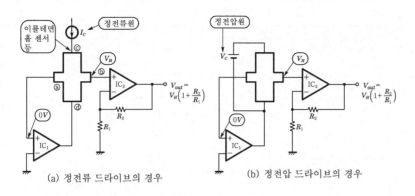

그림 8-8 차동 앰프를 사용하지 않는 회로 예(홀 센서에 응용한 경우)

따라서 ⓑ점의 센서 출력은 GND를 기준으로 한 전압이므로 그림 8-8과 같이 비반전 앰프로 간단히 증폭할 수 있다. 구체적인 회로를 그림 8-9에 나타낸다.

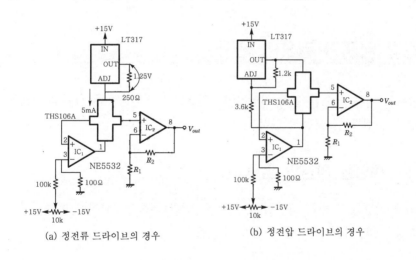

그림 8-9 실용적인 동상 전압 제거 회로

그림 8-9에서 드라이브용 IC는 어떤 것이라도 사용할 수 있지만, 전원용 IC로 일반적으로 널리 사용되고 있는 LM317의 소형 패키지판인 TL317을 사용했다. 표 8-8은 TL317의 특성을 나타낸다. 기준 전압의 온도 계수는 대략 $100\,\mathrm{ppm}/℃$이다. OP 앰프로는 범용 OP 앰프인 NE5532를 사용하고 있다. 이것은 갈륨비소(GaAs) 홀 센서의 오프셋 전압 드리프트가 수십 $\mu\mathrm{V}/℃$ 이상이면 나쁘기 때문이다. GaAs 홀 센서와 같이 0점 특성이 나쁜 센서의 앰프에 고정밀도의 OP 앰프를 사용하는 것은 사실 지나친 것이라 하겠다.

표 8-8 전원용 IC TL 317의 특성

항 목	min	typ	max	단 위
기준 전압	1.2	1.25	1.3	V
출력 전압 온도 변동(0~120℃에서)		1		%
입력 안정도		0.01	0.02	%/V
리플 제거비		80		dB
출력 안정도(I_o=2.5~100 mA)		0.5		%
ADJ 단자 전류		50	100	μA
ADJ 단자 전류변화		0.2	5	μA
동작 최소 출력 전류		1.5	2.5	mA
최대 출력 전류	100	200		mA
출력 전압 가변 범위	1.2		32	V

8-3 전류 앰프가 필요한 센서

여기서 말하는 전류 앰프란 전류-전압 변환 회로를 말한다. 전류 출력형 센서로는 포토 다이오드라든가 AC 전류 센서 등이 있다.

8-3-1 저항을 사용한 회로

그림 8-10에 저항을 사용한 간단한 전류-전압 변환 회로를 나타낸다. 센서의 출력 전류를 I_S, 부하 저항을 R_L이라 하면 출력 전압 V_{out}은

$$V_{out} = I_S \cdot R_L \quad\text{.. (8.3)}$$

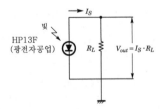

그림 8-10 저항을 사용한 전류-전압 변환 회로

그림 8-11은 포토 다이오드의 부하 특성을 나타낸다. R_L이 커지면 출력 전압은 높아지지만, 다이내믹 레인지와 직선성은 나빠진다. 높은 출력 전압과 넓은 다이내믹 레인지가 필요하면 센서에 역바이어스를 인가하는 방법이 있다.(순방향은 안 된다)

그림 8-11은 $V_B = -0.5$ V일 경우인데, 역바이어스를 인가함으로써 다이내믹 레인지(출력 전압의 스팬)를 넓히고 있다.

또 센서에 역바이오스 전압을 인가하면 그림 8-12와 같이 센서의 내부(단자간) 용량이 작아져 더욱 고속으로 동작한다. 일반적으로 포토 다이오드의 응답 시간 t 는

$$t = 2.2 C_t \cdot R_L \quad \cdots\cdots\cdots\cdots\cdots\cdots\cdots\cdots\cdots\cdots\cdots\cdots\cdots\cdots\cdots (8.4)$$

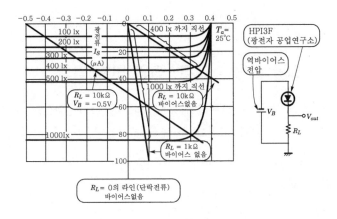

그림 8-11 포토 다이오드(HP 13F)의 부하 특성과 다이내믹 레인지

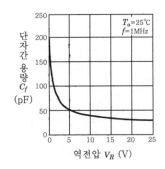

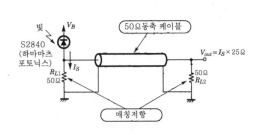

그림 8-12 역바이어스 전압과
단자간의 용량의 관계

그림 8-13 고속 PIN형 포토 다이오드의 회로

PIN 포토 다이오드를 사용한 고속 회로에서는 그림 8-13과 같이 50Ω으로 매칭시켜 사용한다.

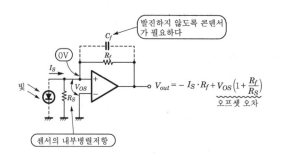

그림 8-14   OP 앰프를 사용한 전류-전압 변환 회로

8-3-2 **OP 앰프를 사용한 전류-전압 변환 회로**

그림 8-14에 OP 앰프를 사용한 전류-전압 변환 회로를 나타낸다. 이 회로에서는 OP 앰프의 −입력은 0V이므로 센서는 단자간 전압 0V에서 동작한다. 이 때 센서에는 단락 전류(R_L =0의 라인)가 흐르며, 입사광 강도에 대해 양호한 직선성이 얻어진다.

이 회로의 출력 전압 V_{out}은,

$$V_{out} = -I_S \cdot R_f \qquad\qquad\qquad\qquad\qquad\qquad (8.5)$$

이와 같은 회로에서는 일반적으로 귀환 저항 R_f를 상당히 크게 하기 때문에 센서의 내부 용량 C_S가 크면 OP 앰프가 발진하기 쉬워진다.(그림 8-15)

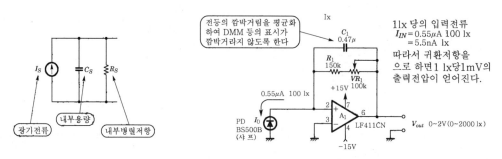

그림 8-15 포토 다이오드의 내부 회로   그림 8-16 포토 다이오드용 앰프의 설계

따라서 반드시 발진 방지용으로 콘덴서 C_1가 필요하다. C_f의 크기는 센서의 용량 C_S와 귀환 저항 R_f 그리고 OP 앰프에 따라 달라지므로 실험으로 확인하는 것이 중요하다.

위와 같은 이유로 OP 앰프를 사용한 전류-전압 변환 회로는 고속용으로는 부적합하다. 또 센서의 내부 병렬 저항 R_S가 귀환 저항보다 작으면 그림 8-14와 같이 오프셋 오차가 발생하고 만다. 물론 노이즈의 영향도 크게 받는다. 센서의 내부 병렬 저항은 암 전류가 클수록 작아진다.

8-3-3 포토 다이오드용 앰프의 설계

그림 8-16에 포토 다이오드 BS500B를 사용한 전류-전압 변환 회로를 나타낸다. BS500B의 특성을 표 8-9에 나타낸다. 이 회로(조도계)는 센서의 출력 전류가 5.5 nA/1 lx로 크기 때문에 OP 앰프로는 범용의 FET 입력 OP 앰프를 사용할 수 있다. 또 전등의 깜박거림을 방지하기 위하여 $C_1 = 0.47$ μF가 들어 있으므로 센서의 용량이 1000 μF정도이면 발진에 대한 걱정은 하지 않아도 된다. 게다가 암전류(역방향의 누설 전류)도 10pA$_{max}$($V_R = 1V$)로 작은 값이다.

표 8-9 포토 다이오드 BS500B의 특성

단락전류 (μA)	암전류 ($V_R = 1V$)	실효면적 (mm^2)	피크파장 (nm)	단자간 용량 ($V_R = 0$), (pF)	구 조	메이커
0.55/100 lx	10$_{max}$	5.34	560^{-40}_{-60}	600/1000$_{max}$	Si. 플레이너형	샤프

이와 같은 경우의 응용뿐이라면 어떤 노력도 필요 없지만 그 중에는 감도가 나쁘고, 암전류가 큰 센서를 사용해야 하는 경우도 있다.

암전류가 큰 센서의 경우에는 내부 병렬 저항이 낮으므로 오프 전압 및 오프셋 드리프트가 작은 OP 앰프가 필요하다. 분해능이 100 pA 정도까지라면 표 8-3에 나타낸 고정밀도 OP 앰프 가운데서 AD705, OP97, LT1012를 사용하면 좋은 결과가 얻어진다. 어느 것이나 오프셋 전압, 오프셋 드리프트 모두 우수하다.

그런데, 고저항을 사용하지 않고 그림 8-17(b)와 같이 T형 귀환 회로를 사용하는 응용 예를 가끔 볼 수 있다. 이것은 센서 회로의 경우에는 그다지 권장할 수 없다. 왜냐하면 T형 귀환 회로는 낮은 저항값을 사용하여 고저항값을 실현하고 있으므로 큰 전압 이득을 갖게 되는 결점이 있기 때문이다. 그러나 좋은 점도 있다. 그것은 값비싼 고저항을 사용하지 않고 해결할 수 있다는 것, 그리고 귀환 저항값이 작아진 만큼 고속 응답을 기대할 수 있다는 점이다. 따라서 고속 동작이 필요한 경우 이외는 그림 8-17(a)의 회로를 가급적 사용하기 바란다. 이득 조정을 하기 위해 그림 8-17(b)의 회로를 사용하는 경우라도 R_1과 R_2의 비를 수배 정도로 억제하기 바란다.

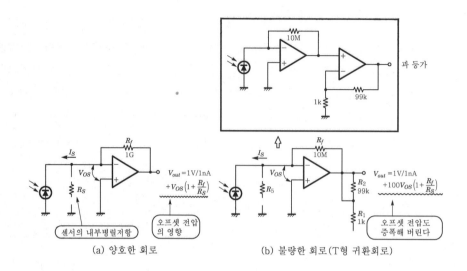

그림 8-17   T형 귀환 회로는 고속이 필요한 경우 이외에는 사용하지 않는다.

분해능이 pA 이하로 되면 OP 앰프의 가격은 급격히 높아진다. 그 경우 가격이 비싼 OP 앰프를 사용해도 그다지 지장은 없지만, CMOS의 OP 앰프를 사용하면 저가격으로 할 수 있다.

표 8-10   전압-전류 변환 회로에 사용되는 CMOS OP 앰프의 특성(듀얼 타입)

	오프셋 전압(mV)	오프 셋드리프트 (μV/℃)	입력 바이어스 전류(pA)	오픈 루프이득 (dB)	슬루레이트 (V/μs)	GBi곱 (kHz)	메 이 커
TLC27L2	10_{max}	1.1	0.6	106	0.03	85	텍사스인스트루먼트
LPC6621	6_{max}	1.3	0.04	114	0.11	350	내셔널 세미컨덕터

표 8-10에 CMOS OP 앰프의 특성을 나타낸다. 범용 OP 앰프이므로 오프셋 전압은 크지만, 오프셋 드리프트 typ값으로 약 $1\,\mu$V/℃로 양호하다. 또 입력 바이어스 전류도 CMOS 구성이므로 작은 값이다. 특히 LPC6621는 typ값이지만 40nA로 아주 작게 되어 있다.

8-4   전류 앰프의 보호 회로

OP 앰프를 사용한 전류(전하) 앰프는 OP 앰프의 입력이 임피던스가 높은 센서 출력에 직접 접속하고 있으므로 OP 앰프가 파괴되지 않도록 보호 회로가 필요하다.

8-4-1 다이오드에 의한 보호

신호가 클 때는 보통 그림 8-18(a)와 같이 다이오드의 보호 회로가 사용된다. 보호 저항 R_p를 부가하는 경우도 있다. 단 다이오드의 역바이어스시의 내부 저항은 0 V 부근에서는 작기 때문에 오프셋 오차를 일으키므로 주의가 필요하다.

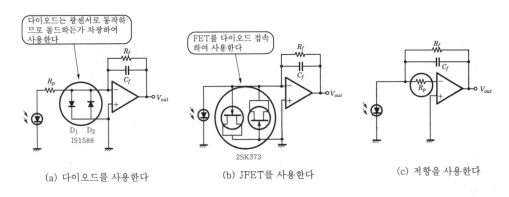

(a) 다이오드를 사용한다   (b) JFET를 사용한다   (c) 저항을 사용한다

그림 8-18 전류 앰프의 보호 회로

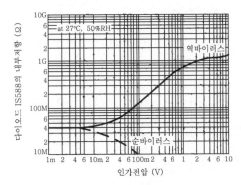

그림 8-19 다이오드 1S1588의 내부 저항
바이어스 전압에 의한 변환 관계

표 8-11 소신호용 다이오드1S1588의 특성

역내압	$30V_{max}$
역전류	$0.5 \mu A_{max}(V_R=30V)$
단자간 용량	$3pF_{max}(V_R=O)$
순방향 전압	$1.3V_{max}(F=100mA)$
평균 정류 전류	120_{max}

그림 8-19는 범용 다이오드 1S1588의 내부 저항이 바이어스 전압에 따라 어떻게 변화하는가를 실험한 결과이다. 1 V 이상에서는 1 GΩ인 내부 저항이 0 V 부근에서는 **40 MΩ** 정도까지 낮아지고 있다. 이것으로는 가령 귀환 저항 $R_f = 1 GΩ$으로 하면 **250배의 이득**을 가지기 때문에 오프셋 전압은 250배가 되어 출력에 나타나게 된다. 1S1588의 시방을 표 8-11에 나타낸다. 30 V에서의 누설 전류는 max값으로 0.5 μA이므로 이 때 60 MΩ의 내부 저항이 된다. 이것은 그림 8-19보다 더욱 나빠지므로 귀환 저항이 비교적 낮은 10 MΩ 이하의 경우에만 사용할 수 있는 방법이다. 또 다이오드는 빛에도 민감하기 때문에 경우에 따라서는 차광할 필요가 있다.

8-4-2   FET를 사용하는 방법

신호가 아주 미세한 경우에는 JFET를 사용한다. 이것은 그림 8-18(b)와 같이 FET의 소스와 드레인을 접속하고, 다이오드를 접속한다. 표 8-12는 2SK373의 경우인데, 전압 80 V에서 1 nA$_{max}$의 누설 전류이므로 80 GΩ의 내부 저항이다. 이것은 60 MΩ 정도의 1S1588에 비하면 1000배 이상이다.

게다가 몰드되어 있으므로 다이오드보다 빛에는 둔감하지만 전혀 영향을 받지 않는 것이 아니므로 경우에 따라서는 차광이 필요하다. 또한 신호가 작아지면 누설 전류를 선별한 FET를 사용하든지, 표 8-13에 나타낸 피코 암페어 다이오드를 사용한다.

표 8-12   2SK373GR의 특성

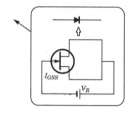

게이트 차단 전류(I_{max})	1 nA$_{max}$(V_R=80 V)
게이트-드레인 간 강복 전압	−100 V$_{min}$
순방향 어드미턴스	4.6 ms
입력 용량	13 pF
귀환 용량	3 pF

표 8-13   피코 암페어 다이오드 특성

특 성		테 스 트 조 건	min	typ	max	단 위
I_R 누설전류	V_R=20 V	PAD1			−1	pA
		PAD2			−2	
		PAD5			−5	
		PAD10			−10	
		PAD20			−20	
		PAD50			−30	
		PAD100			−100	
BV_R 브레이크 다운 전압	I_R=−1 μA	PAD1, 2, 5	−45		−120	V
		PAD 10, 20, 50, 100	−35			
V_F 순방향 전압	I_F=5 mA	PAD 1, 2, 5, 10, 20, 60, 100		0.8	4.5	
C_R 용량	V_R=−5 V	PAD 1, 2, 5			0.8	pF
	f=1 MHz	PAD 10, 20, 50, 100			2	

8-4-3   저항에 의한 보호

취급하는 주파수가 낮고, 또한 신호 레벨이 크면 그림 8-18(c)와 같이 저항 R_P를 부가하는 것이 가장 비용이 절감된다. R_P의 값을 100 kΩ 정도로 해 두면 대부분의 경우 충분하다.

이상은 전류 앰프의 경우이지만, 다음에 설명하는 전하 앰프에서도 같은 방법이 사용된다. 그러나 전하 앰프에서는 신호 레벨이 아주 낮기 때문에 사용해야 하는 경우는 그림 8-12(b)

의 방법이나 보호 회로를 붙이지 않는 경우도 있다. 보호 회로를 붙이지 않을 때는 취급에 충분한 주의가 필요하다.

8-5 전하 앰프가 필요한 센서

출력이 전하의 형태로 나타나는 센서로는 가속도 센서와 초전형 적외선 센서 등이 있다. 전하의 시간 미분이 전류인 것을 생각하면 앞서 언급한 전류 앰프와 마찬가지로 생각할 수 있지만, 차지 앰프는 보다 미소한 신호를 다루는 데 적합하다. 단, 큰 신호일 때는 어느 것을 사용해도 같은 결과를 얻을 수 있다.

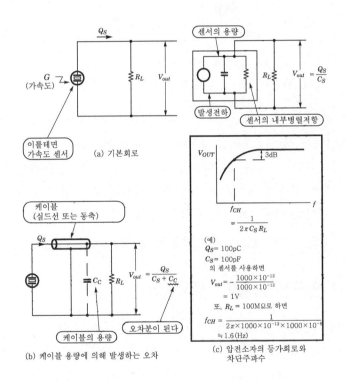

그림 8-20 간단한 전하-전압 변환 회로(가속도 센서의 예)

8-5-1 저항을 사용한 전하-전압 변환회로

그림 8-20(a)에 저항을 이용한 회로를 나타낸다. 이 회로의 출력 전압 V_{out}은 센서의 출력 전하를 Q_S, 센서의 내부 용량을 C_S라 하면,

$$V_{out} = \frac{Q_S}{C_S} \quad \text{..} (8.6)$$

부하 저항 R_L은 바이패스 필터 차단 주파수 f_{ch}를 정하며,

$$f_{ch} = \frac{1}{2\pi C_S R_L} \quad\text{...}(8.7)$$

따라서 더욱 낮은 주파수까지 감도를 갖는다고 하면 R_L은 그것에 맞추어 크게 할 필요가 있다.

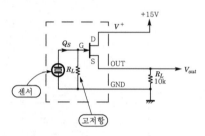

그림 8-21 FET를 내장한 센서(초전형 적외선 센서등)

그림 8-20(a)의 회로는 간단해서 좋지만, 출력 전압이 센서 용량 C_s로 정해져 버린다는 것(센서의 용량은 일정하지 않다), 그리고 센서를 케이블로 배선하는 경우에는 그림 (b)와 같이 오차를 일으키고 마는 결점이 있다. 그 때문에 그림 8-21과 같이 센서와 FET를 조합한 센서가 시판되고 있다. 특히 초전형 적외선 센서에서는 센서의 내부 용량이 작고 게다가 차단 주파수 f_{ch}를 0.1 Hz 이하로 아주 낮게 할 필요가 있으므로 R_L에는 10 GΩ이라는 고저항값이 필요하게 된다. 그 때문에 시판되고 있는 대부분의 센서는 FET 내장형이다.

8-5-2 OP 앰프를 사용한 차지 앰프

OP 앰프를 사용한 전하 앰프는 차지 센시티브 앰프라든가, 차지 앰프라는 식으로 부르고 있다. 그림 8-22에 기본 회로를 나타낸다. 이 회로의 출력 전압 V_{out}는,

$$V_{out} = -\frac{Q_S}{C_f} \quad\text{...}(8.8)$$

C_f는 귀환 콘덴서이므로 고정밀도의 것을 선택할 수 있다. 그 때문에 센서의 용량에 의존하는 그림 8-20(a)보다는 훨씬 고정밀도를 기대할 수 있다.

차지 앰프는 귀한 콘덴서만이라면 적분기로 되어 OP 앰프는 결국 포화해 버리므로 DC 레벨의 안정화를 위한 귀환 저항 R_f가 필요하다. 물론 R_f를 부과하면 그림 8-20(c)와 마찬가지로 차단 주파수 f_{ch}가 나온다. 차단 주파수 f_{ch}는,

$$f_{ch} = \frac{1}{2\pi C_f \cdot R_L} \quad\text{...}(8.9)$$

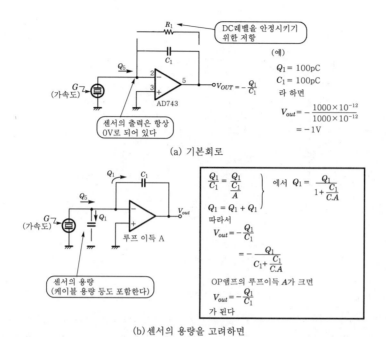

(a) 기본회로

(b) 센서의 용량을 고려하면

그림 8-22   OP 앰프를 사용한 전하-전압 변환 회로(차지 앰프)

8-5-3 포토 다이오드나 방사선 센서용 차지 앰프의 설계

그림 8-22에 나타낸 바와 같이 센서용 차지 앰프는 신호 레벨이 100 pC나 1000 pC 정도로 비교적 크기 때문에 대부분의 범용 OP 앰프라도 충분하다. 그런데 포토 다이오드나 방사선 센서가 되면 더욱 작아진다. 예를 들면 1 MeV의 방사선 에너지가 Si 센서에 입사되면 대략 0.044 pC의 전하가 발생된다. 따라서 100 keV에서는 0.0044 pC, 10 keV에서는 0.00044 pC라는 아주 미소한 레벨이다.

이와 같이 차지 앰프는 저잡음성과 고속성이라는 양측이 요구되므로 시판하는 제품은 대부분 아날로그 액티브가 사용되고 있다. 이 때문에 초보자는 다소 어렵지만, 여기서는 초보자라도 만들 수 있는 차지 앰프를 소개한다.

8-5-4 개별 부품으로 구성한 차지 앰프 회로

그림 8-23에 회로도를 나타낸다. 겨우 3개의 FET와 트랜지스터로 구성하고 있으므로 누구라도 간단히 만들 수 있을 것이다. 차지 앰프는 부귀환을 걸어 사용하므로 발지하지 않도록 회로를 구성하는 것이 중요하다.

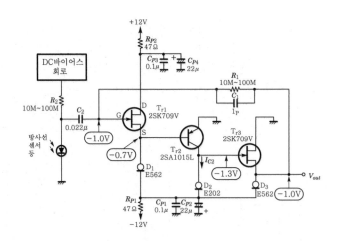

그림 8-23 개별 부품으로 구성한 차지 앰프 회로(방사선 검출기의 예)

입력의 FET Tr_1은 소스 폴로어로서, 다음 단의 트랜지스터 Tr_2를 구동시켜 이득을 얻는다. 따라서 Tr_1, Tr_2 모두 저잡음의 소자가 필요하다. N 채널 FET+PNP 트랜지스터 구성이 아니라도 P 채널 FET+NPN 트랜지스터 구성으로 하는 방법도 있지만, N 채널 FET쪽이 저잡음의 품종이 많이 있다. 고주파 앰프에 적합한 회로 구성으로 그림 8-24(c)의 캐스코드 회로가 유명한데, 만들기 쉽기 때문에 그림 8-24(a)의 소스 폴로어로 했다.

그림 8-24(b)의 소스 접지 회로는 고주파 회로에는 부적합하다. 이것은 미러 효과에 의해 입력에서 본 용량이 이득 배로 되어 버리고, 주파수 특성을 크게 열화시키고 만다. FET의 소스에 들어 있는 것은 정전류 다이오드이다. 이것 대신 저항을 삽입해도 상관 없지만, 전원 전압을 넓게 사용하기 위해서 이렇게 했다. 정전류 다이오드는 그림 8-25와 같이 전압이 변화해도 전류값이 거의 변화하지 않는다. 표 8-14에 정전류 다이오드의 특성을 나타낸다.

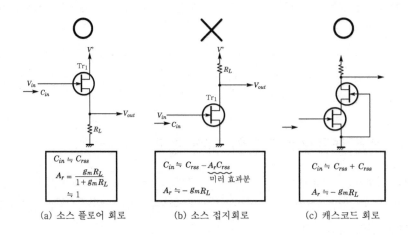

그림 8-24 고주파 앰프에 적합한 회로 구성은……

표 8-14 정전류 다이오드의 특성

(a) 전기적 특성

형 명	I_p (mA)	V_K (V)	Z_r (MΩ)	온 도 계 수 (%/℃)
E101	0.05~0.21	0.5	6.0	+2.1~0.1
E301	0.2~0.42	0.8	4.0	+0.4~−0.2
E501	0.4~0.63	1.1	2.0	+0.15~−0.25
E701	0.6~0.92	1.4	1.0	0~0.32
E102	0.88~1.32	1.7	0.65	−0.1~−0.37
E152	1.28~1.72	2.0	0.4	−0.13~−0.4
E202	1.68~2.32	2.3	0.25	−0.15~−0.42
E272	2.28~3.10	2.7	0.15	−0.18~−0.45
E352	3.0~4.1	3.2	0.1	−0.2~−0.47
E452	3.9~5.1	3.7	0.07	−0.22~−0.5
E562	3.9~6.5	4.5	0.04	−0.25~−0.53
E822	6.56~9.84	3.1	0.32	
E103	8.0~12.0	3.5	0.17	−0.25~−0.45
E123	9.6~14.4	3.8	0.08	
E153	12.0~18.0	4.3	0.03	

(b) 최대 정격

최고사용 전압	정격 전력	역방향 전류
100 V	400 mW	500 mA

Tr$_2$에는 저잡음 그리고 주파수 특성이 양호한 트랜지스터를 사용한다. Tr$_2$의 컬렉터 전류를 크게 하면 트랜지션 주파수 f_T는 높아지지만 정전류 다이오드 D$_2$의 동작 저항이 작아져 이득이 얻어지지 않는다. 그래서 Tr$_2$의 컬렉터 전류를 2mA로 하고 있다. 이 상태에서 Tr$_2$의 이득은 1000배 이상 될 것이다. 귀환 콘덴서 C_1은 차지 앰프의 이득을 결정하는 중요한 부품이다. 입수하기 쉽고 게다가 가격이 싼 콘덴서로 온도 보상형 세라믹 콘덴서를 권한다.

세라믹 콘덴서라면 주파수 특성은 양호하지만 온도 특성이 나쁘다고 하는 이미지가 있지만, 온도 보상형은 다르다.

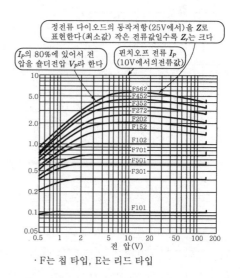

· F는 칩 타입, E는 리드 타입

그림 8-25 정전류 다이오드의 전압-전류 특성

표 8-15 온도 보상형 세라믹 콘덴서의 예

	내압 (V)	용량 (pF)	특 성	메 이 커	치 수	허용차 (%)
RBU시리즈 RCC시리즈	50 500	1~330	CH (±60 ppm/℃)	太陽誘電	ϕ D=4~13 mm ϕ D=5~17 mm	±5 %, ±10 %
HE시리즈	50 500 1000 2000 3000	1~2000 1~430 1~390 1~200 1~150	CH (±60 ppm/℃)	KCK	ϕ D=4~12 mm ϕ D=6~19 mm ϕ D=8~21 mm ϕ D=10~23 mm	±5 %, ±10 %
VJ시리즈	50/63 100 200 500	1~3300 0 1~1500 0 1~1000 1~4700	CG (±30 ppm/℃)	일본 뷔트 라몬	칩 타입 1.6×0.8 -5.7×5.0	±1 %, ±2 % ±5 %, ±10 %

* ϕD 직경

표 8-15에 온도 보상형 세라믹 콘덴서의 예를 나타낸다. 온도 계수는 CH 타입의 것도 있지만, CG 타입도 있다. 또 500 V 이상의 고내압도 있으므로 응용 범위가 넓은 콘덴서이다.

다만 고내압의 세라믹 콘덴서는 약간 크기 때문에 그 경우는 마이카 콘덴서를 사용하면 좋을 것이다. 마이카 콘덴서도 온도 계수가 작은 것이다.

앞서 언급한 바와 같이 R_1은 원래 필요 없는 부품이지만, DC 레벨의 안정화를 위해 필요한 것이다. R_1의 값은 일반적으로 10 M~1 GΩ으로 크기 때문에 범용의 금속 피막 저항이나 탄소 피막 저항에서는 엄격하게 된다.

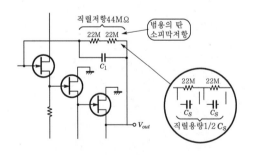

그림 8-26 큰 저항을 만드는 법

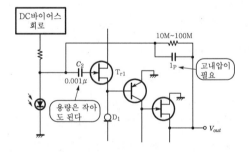

그림 8-27 C_2를 귀환 루프에 넣으면

수십 MΩ정도이면 그림 8-26과 같이 2, 3개의 금속 피막(또는 탄소 피막) 저항을 직렬로 접속하는 편이 낮은 가격으로 만들 수 있다. 게다가 저항의 부유 용량도 작아지면 이득의 정확도도 높아진다. 더 높은 저항값이 되면 약간 비싸지만 시판되는 고저항을 사용하게 된다.

그림 8-23에서 입력의 C_2는 센서에 DC 바이어스를 가했을 때의 DC 차단용이다. C_2의 용량은 센서 내부 용량의 100배 이상으로 해야 하는 곳이다. 또 내압은 DC 바이어스 전압 이상

이 필요하게 된다. 그래서 그림 8-27과 같이 C_2를 귀환 루프 속에 넣어 버리면 C_2의 값은 작아도 상관 없다. 그 대신 귀환 콘덴서 C_1의 내압으로 DC 바이어스 전압 이상이 요구된다. $C_{p1} \sim C_{p4}$는 전원의 바이패스 콘덴서이다. 전해 콘덴서와 세라믹 콘덴서를 붙여 둔다.

8-5-5 OP 앰프와 FET를 조합한 차지 앰프 회로

저잡음 FET와 OP 앰프를 사용해도 차지 앰프를 만들 수 있다. 그림 8-28에 기본 회로를 나타냈다. 입력단은 그림 8-23과 마찬가지로 저잡음 FET를 소스 폴로어로 사용한다. 물론 FET 입력의 OP 앰프로서 저잡음용이 있으면, 초단에 부착한 FET 등은 필요 없지만, 아직 바이폴러 입력 OP 앰프쪽이 저잡음이므로 그림 8-28의 구성으로 한다. 초단을 캐스코드로 해서 이득을 높여 두면 다음 단의 OP 앰프는 저 잡음용이 아니라도 되겠지만, 그렇게 하면 발진할 염려가 있다. 소스 폴로어라도 전혀 발진할 염려가 없는 것은 아니지만, 적어도 캐스코드 회로보다는 낫다. OP 앰프에는 저잡음으로 주파수 특성이 양호한(GB곱이 큰) 것을 선택한다. 그러나 주의해야 할 사항은 범용 OP 앰프의 대부분은 저주파(10 kHz 이하)에서 저잡음이라도 고주파(10 kHz 이상)에서는 잡음이 증가하는 경향이 있는 것이다. 예를 들면 1 kHz의 잡음 밀도와 100 kHz 이상에서의 잡음 밀도를 비교했을 때, 수배 이상 나빠진다.

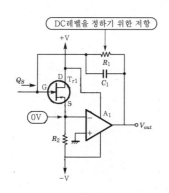

그림 8-28 FET+OP 앰프 구성의
차지 앰프의 기본 회로

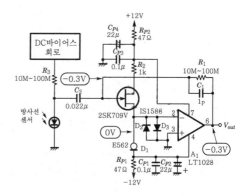

그림 8-29 OP 앰프+FET 구성의 차지
앰프 회로(방사선 검출기의 예)

그림 8-29에 실제의 회로를 나타낸다. 간단한 회로이므로 중요한 점만 설명하면 다음과 같다. OP 앰프로는 저잡음용이라고 하는 LT1028을 사용했다. 이것은 오디오용이므로 1 kHz에서의 잡음 밀도는 아주 작지만, 100 kHz 이상에서는 잡음 밀도 특성이 약해진다. 이 정도의 특성으로도 다른 OP 앰프보다는 양호하기 때문에 일단 이것으로 한다.

D_2, D_3는 OP 앰프의 입력 보호용이다. OP 앰프의 출력이 포화했을 때 다이오드가 OP 앰프를 보호해 준다. 이 외에는 그림 8-29와 같다.

8-6 바이어스 회로를 만드는 법

광 센서나 방사선 센서 등에서는 수십~수백 V의 DC 바이어스 전압이 필요한 경우가 있다. 이것은 바이어스 전압을 가함으로써 센서의 내부 용량을 작게 하여 고속성 또는 S/N을 개선하기 위함이다. 바이어스 전압용으로 전원 트랜스를 준비하면 좋은데, 가급적 OP 앰프의 전원에서 만들려고 하는 것이다. 다행히 이들 센서의 내부 저항은 높기 때문에 전류는 거의 흐르지 않는다. 일반적으로 1 mA 정도이면 충분하다. 그래서 OP 앰프 전원으로부터 간단히 고전압을 만드는 회로를 소개하기로 한다.

8-6-1 DC-DC 컨버터 회로

OP 앰프의 전원 전압에서 고전압을 얻는 것은 그리 어렵지 않다. 그림 8-30에 DC-DC 컨버터 회로를 나타냈는데, ±12 V에서 100 V 정도의 전압은 간단히 얻을 수 있다. OP 앰프 IC_1은 구형파 발진 회로이며, 범용 OP 앰프로 충분하다. 여기서는 TL071을 사용했다. TL061과 같은 소비 전류가 작은 OP 앰프를 사용하면 전체의 소비 전류를 작게 할 수 있다.

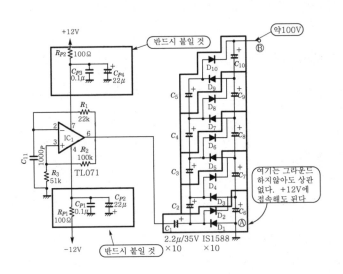

그림 8-30 ±12V에서 고전압을 얻는다.

발진 주파수는 10 kHz 정도로 하고 있다. 주파수를 높게 하면 $C_1 \sim C_{10}$의 용량을 작게 할 수 있지만, OP 앰프로 고속인 것이 필요하게 된다.

C_1, C_6, D_1, D_2로 1조가 되어 있는데, 이 단수분만큼 배전압 정류한다. 1단당의 전압은 이상적으로는 12 V×2=24 V인데, OP 앰프의 포화 전압이 있으므로 1단당 약 20 V이다. 그림 8-30에서는 5단 구성으로 하고 있기 때문에 출력 전압은 100 V 정도가 된다.

R_{p1}, R_{p2}와 $C_{p1} \sim C_{p4}$는 전원의 디카플링용이다. 그림 8-30은 일종의 스위칭 레귤레이터

이므로 아무 것도 하지 않으면 노이즈를 전원 라인에 혼입시키므로 이것으로 방지한다. 그러나 공간을 통해 혼입되는 노이즈는 방지할 수 없으므로 금속 케이스로 실드하는 것이 가장 확실한 방법이다. 또 효율은 떨어지지만, 구형파 발진이 아니고 사인파 발진으로 하면 더욱 개선할 수 있다.

8-6-2 정전류 다이오드의 사용

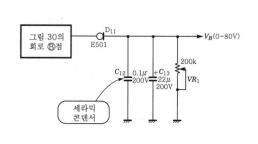

그림 8-31 정전압 회로

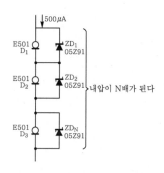

그림 8-32 정전류 다이오드의 직렬 접속

100 V의 전압은 얻어졌지만, 리플과 스위칭 노이즈가 심하기 때문에 그대로는 사용할 수 없다. 특히 이 스위칭 노이즈를 어떻게 제거하는가가 이 회로의 포인트이다. 가장 효과적인 것은 그림 8-31과 같이 정전류 다이오드를 사용하는 방법이다. 정전류 다이오드는 IC화된 레규레이터와 달리 고속으로 응답하기 때문에 C_{12}와 C_{13}으로 디커플링하면 스위칭 노이즈는 깨끗하게 없어진다.

정전류 다이오드로는 표 8-14에서 온도 계수가 작은 E501을 사용했다. 단, 온도 계수의 오차는 양호하다. VR_1으로 출력 전압 V_B를 조정한다. V_B는

$$V_B = I_p \times VR_1 \cdots\cdots\cdots\cdots\cdots\cdots\cdots\cdots\cdots\cdots\cdots\cdots\cdots\cdots\cdots\cdots\cdots\cdots \text{(8.10)}$$

또 이 회로의 출력 저항은 VR_1이 되는데, 앞서 언급한 바와 같이 센서의 내부 저항이 높기 때문에 충분히 실용적으로 사용할 수 있다. 또 더욱 단수를 증가시키면 100 V 이상의 출력 전압도 얻어지지만, 정전류 다이오드의 최대 정격이 100 V이므로 이것을 초과해서는 안 된다. 정전류 다이오드의 내압을 크게 하는 방법으로 그림 8-32와 같이 직렬로 하는 방법이 있다.

제2편

실험 실습

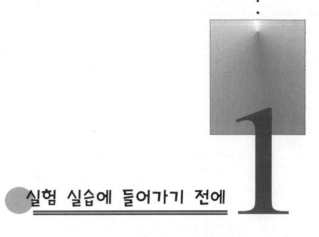

소자 판별법

1-1 저항(resistor)값 판별법

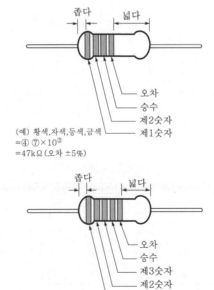

좁다　넓다

오차
승수
제2숫자
제1숫자

(예) 황색,자색,등색,금색
=④ ⑦×10³
=47kΩ(오차 ±5%)

좁다　넓다

오차
승수
제3숫자
제2숫자
제1숫자

색 깔	1번째	2번째	×10의 승수	오 차
흑색(검정)	0	0	0	
갈색(고동)	1	1	1	±1 %
적색(빨강)	2	2	2	±2 %
등색(주황)	3	3	3	
황색(노랑)	4	4	4	
녹색(초록)	5	5	5	±0.5 %
청색(파랑)	6	6	6	±0.25 %
자색(보라)	7	7	7	±0.1 %
회색	8	8	8	
백색	9	9	9	
금색			−1	±5 %
은색			−2	±10 %
무색				±20 %

〔저항의 컬러 코드에 의한 읽는 법〕

1-2 콘덴서(condenser)값 판별법

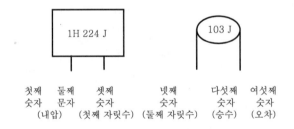

〔표〕 내압〔V〕

구분	A	B	C	D	E	F	G	H	J	K
0	1	1.25	1.6	2.0	2.5	3.15	4.0	5.0	6.3	8.0
1	10	12.5	16	20	25	31.5	40	50	63	80
2	100	125	160	200	250	315	400	500	630	800
3	1000	1250	1600	2000	2500	3150	4000	5000	6300	8000

〔표〕 오차 〔%〕

문자	B	C	D	F	G	J	K	M	N	V	X	Z	P
허용 오차	±0.1	±0.25	±0.5	±1	±2	±5	±10	±20	±30	+20 −10	+40 −10	+80 −20	+100 −10

예) 224J의 값은?

1H	224	J
내압	용량	오차
50〔V〕	22×10^4〔pF〕	±5〔%〕

$22 \times 10^4 (\mathrm{pF}) \pm 5\% \quad 50(\mathrm{V})$

$= 220 (\mathrm{nF}) \pm 5\% \qquad 50(\mathrm{V})$

$= 0.22 (\mu \mathrm{F}) \pm 5\% \qquad 50(\mathrm{V})$

1-3 다이오드(diode)의 극성 판별 및 양부 판정

① 회로 시험기의 측정 레인지를 $R \times 100(\Omega)$으로 놓는다.

② 다이오드의 양 리드 단자에 회로 시험기의 테스트 봉을 교대로 접촉시켜 보았을 때, 한 번은 저항값이 작게 나타나고 다른 한 번은 저항값이 매우 크게(≒∞) 나타나면 정상이다.

③ 저항값이 작게 나타나는 경우 회로 시험기의 적색 테스트 봉이 닿은 리드 단자가 캐소드(K)가 되고, 흑색 테스트 봉이 닿은 리드 단자가 애노드(A)가 된다.(아날로그 시험기 기준)

④ 소자에서 흰색 띠가 있는 쪽이 캐소드(K)이다.

1-4 발광 다이오드의 극성 판별 및 양부 판정

① 회로 시험기의 측정 레인지를 $R \times 100(\Omega)$에 놓는다.

② LED의 양 리드 단자에 회로 시험기의 테스트 봉을 교대로 접촉시켜 본다.

이 때 한쪽 방향에서 점등되고 다른 쪽 방향에서는 소등된다면 정상이다.

③ LED가 점등되었을 때, 회로 시험기의 적색 테스트 봉이 닿은 LED의 리드 단자가 캐소드(K)가 되고 흑색 테스트봉이 닿은 리드 단자는 애노드(A)가 된다.

1-5 포토 트랜지스터의 극성 판별 및 양부 판정

① 회로 시험기의 측정 레인지를 $R \times 100(\Omega)$에 설정한다.
② 포토 트랜지스터의 창에 빛을 가하고 회로 시험기의 테스트 봉을 두 단자에 교대로 접
  촉시켰을 때, 지시하는 저항값이 낮은 접속 상태에서, 적색 테스트 봉이 닿은 리드 단자
  가 이미터이고, 흑색 테스트 봉이 닿은 리드 단자는 컬렉터이다.
③ 회로 시험기의 흑색 테스트 봉을 컬렉터 단자에, 적색 테스트 봉을 이미터에 접촉하고,
  포토 트랜지스터의 창에 빛을 가하면 저항값이 저하되고, 빛을 차단하면 저항값이 증가하
  는 것이 정상이다.

1-6 CdS 광도전 소자의 양부 판정

① 회로 시험기의 측정 레인지를 $R \times 100(\Omega)$에 설정한다.
② 회로 시험기의 테스트 봉을 극성 구별 없이 CdS의 두 단자에 접촉시키고 CdS에 빛을
  가하면 저항값이 감소하고, 빛을 차단하면 저항값이 증가하는 것이 양호한 것이다.

1-7 7-세그먼트(FND-507, 500)의 극성 판별 및 양부 과정

① 회로 시험기의 측정 레인지를 $R \times 100(\Omega)$에 설정한다.
② FND507의 경우에, 회로 시험기의 흑색 테스트 봉을 COM 단자에 접속하고, 적색 테스
  트 봉을 A, B, C, D, E, F, G, dp에 번갈아 접촉하였을 때 각 LED 세그먼트가 점등되
  고, 테스트 봉을 반대로 하였을 때 저항값이 무한대를 나타내면 정상이다.

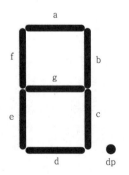

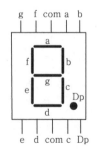

507 : Anode Common
500 : Cathode Common

1-8 트랜지스터(transistor) 단자 판별법

① 베이스 단자 찾기 : 회로 시험기의 측정 레인지를 $R \times 100(\Omega)$, 또는 $R \times 1000(\Omega)$으로 설정하고, 하나의 테스트 봉을 트랜지스터의 임의의 리드 단자에 대고 다른 하나의 테스트 봉을 남은 두 리드 단자에 교대로 대어 본다. 이 때, 어느 단자하고도 도통되는 공통 리드 단자가 베이스이며, 베이스 단자에 적색 테스트 봉이 접속되어 있으면 pnp형 TR이 되고, 흑색 테스트 봉이 접속되어 있으면 npn형 TR이 된다.

　단, 여기서 사용되는 회로 시험기는 아날로그 회로 시험기(tester)를 기준으로 한 것이다. DVM(디지털 볼트 미터)을 사용할 경우(레인지 : $R \times 20\,\mathrm{k\Omega}$) 적색봉이 (+), P(positive)이고, 흑색봉이 (−), N(Negative)임을 명심해야 한다.

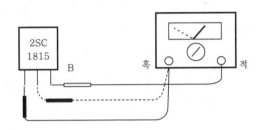

② 이미터 단자 찾기 : 회로 시험기의 측정 레인지를 $R \times 1000(\Omega)$으로 설정하고, 베이스를 기준으로 측정할 때 저항값이 크게 나타나는 단자가 이미터이다.

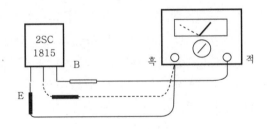

③ 컬렉터 단자 찾기

　㉠ 위의 측정에서 남은 트랜지스터의 단자가 컬렉터가 된다.

　㉡ 회로 시험기의 측정 레인지를 $R \times 1000(\Omega)$으로 설정하고, 베이스를 제외한 두 리드 단자에 테스트 봉을 교대로 대어 본다. 이때 회로 시험기의 작은 저항값을 지시하는 접속 상태에서, pnp형 TR이면 흑색 테스트 봉이 접속된 리드 단자가 컬렉터이고, npn형 TR이면 적색 테스트 봉이 접속된 리드 단자가 컬렉터이다.

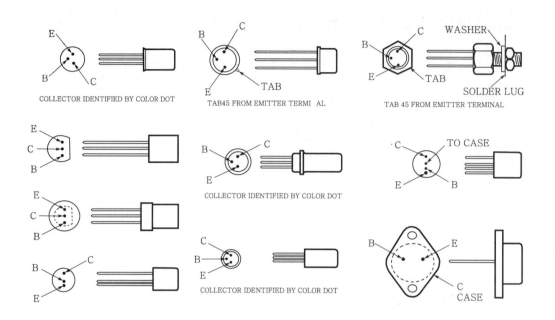

④ 일반적으로 트랜지스터는 위의 그림과 같이 모양만으로 극성을 판별할 수 있다.

그러나 가끔씩 예외도 있다는 것을 명심하고 정확한 것은 테스터기나 데이터북을 참조하기 바란다.

1-9 OP-Amp(Operational Amplifier)의 사용법

연산 증폭기는 아날로그량의 가감산, 적분, 미분 등의 입력과 출력 사이에 일정한 함수 관계를 가지는 연산을 행할 수 있도록 한 것으로 OP-Amp라고도 한다. 연산 증폭기는 반전 (inverting) 및 비반전(noninverting)의 두 입력 단자와 하나의 출력(output) 단자 그리고 (+), (−) 전원 공급 단자(±5 ~±15〔V〕)를 가지며, 외부 궤환 회로를 접속하여 사용한다.

① 개회로(open loop) OP-Amp의 특성 : 연산 증폭기에 외부 궤환이 없는 상태를 말하며, 이 때의 이상적인 OP-Amp의 특성은 다음과 같다.

㉠ 개회로 전압 이득이 무한대가 된다.

㉡ 입력 임피던스가 무한대이다.

㉢ 출력 임피던스가 0이다.

㉣ 입력 오프셋 전압 및 전류는 0이다.

㉤ 주파수 대역폭이 무한대이다.

㉥ 동상 신호 제거비가 무한대이다.

② OP-Amp의 기호와 $\mu A741$의 핀 접속도

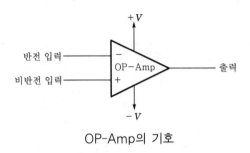

OP-Amp의 기호

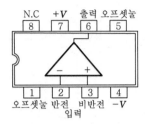

μA 741핀 접속도

③ OP-Amp의 특성

㉠ 입력 오프셋 전압 (input offset voltage) : OP-Amp의 두 입력 단자를 접지시키면 OP-Amp의 내부 입력 두 트랜지스터의 VBE 값이 서로 다르기 때문에 이것이 증폭되어 거의 항상 출력 오프셋 전압이 나타난다.

　전형적인 $\mu A741$의 출력 오프셋 전압은 $\pm 20 \sim 100(\text{mV})$이며, 이것을 없애기 위해 입력에 가하는 전압을 입력 오프셋 전압이라 한다.

㉡ 입력 바이어스 전류 (input bias current) : OP-Amp의 어느 한 입력 단자에 저항을 접속하여 접지와 궤환 통로를 갖는다면, 이 저항을 통하여 입력 단자에 베이스 전류가 흘러 저항이 접속된 단자에 전압이 나타난다. 이것은 원하지 않은 출력 오프셋 전압을 발생시키고, 이를 제거하기 위해서 다른 입력 단자와 동일한 저항값으로 접지와 접속시킨다.

㉢ 입력 오프셋 전류 (input offset current) : 입력 오프셋 전류는 입력 베이스 전류의 차로, 두 입력 단자에 동일한 저항값을 접지와 접속하더라도 원하지 않는 출력 오프셋 전류가 나타난다.

㉣ 슬루 레이트 (slew rate) : 전압 이득이 1일 때, 시간 변화에 출력 전압의 변화를 슬루 레이트라 하며, 고역 주파수에서 출력 전압의 크기를 제한하기 때문에 연산 증폭기의 교류 동작에 영향을 주는 사양 중에서 가장 중요한 특성이다.

㉤ 동상 신호 제거비 (CMRR : Common Mode Rejection Ratio) : 연산 증폭기의 두 입력 단자에 동시에 존재하는 신호를 얼마나 제거할 수 있는가를 나타내는 요소로, 동위상 입력 전압을 발생되는 출력 전압으로 나눈 값이며 dB로 표시한다.

④ OP-Amp의 전원 접속 방법

㉠ 1 전원 방식 : OP-Amp의 $-V$의 단자를 접지시키고 $+V$의 단자에 $+V_{cc}$의 전원 전압을 공급하면 출력 전압은 (+) 전압만 출력되는 데, 출력 전압은 공급전압 $+V_{cc}$에서 내부 흡수 전압(1~2V 정도)을 뺀 전압이 나온다. 만약, 교류 출력만을 원할 경우에는 출력 단자에 콘덴서를 접속한다.

㉡ 2 전원 방식 : OP-Amp의 $+V$의 단자에 $+V_{cc}$의 전원 전압과 $-V$의 단자에 $-V_{cc}$의 전원 전압을 공급하면 내부 흡수 전압을 뺀 전압 $\pm V_0$가 출력 단자에 나온다.

　$\pm V_{cc}$의 전원 전압은 똑같을 필요는 없이 필요에 따라 전압이 달라도 된다.

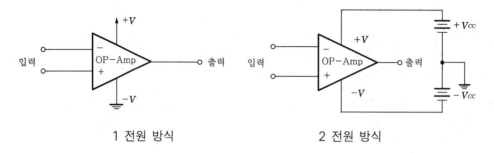

1 전원 방식　　　　　　2 전원 방식

⑤ OP-Amp의 기본 회로

　㉠ 반전 증폭기 : 입력 신호가 저항 R_1을 통해 반전 입력 단자에 공급되는 증폭기로, 반
　　전 입력 단자가 접지에 대해서 전위가 낮으므로 가상 접지점이라 한다.

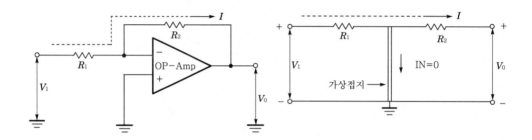

$$V_i = IR_1, \quad V_0 = -IR_2$$

페루프 전압 이득　$A_{VF} = \dfrac{V_i}{V_O} = \dfrac{-IR_2}{IR_1} = -\dfrac{R_2}{R_1}$

　㉡ 비반전 증폭기 : 입력 신호가 비반전 입력 단자에 공급되는 증폭기로 R_1은 입력 소자
　　이고, R_2는 궤환 소자로 출력 전압의 일부를 OP-Amp의 한 입력 단자에 궤한시킨다.

$$V_i = V_1 = IR_1, \quad V_0 = I(R_1 + R_2)$$

페루프 전압 이득　$A_{Vf} = \dfrac{V_O}{V_i} = \dfrac{I'(R_1 + R_2)}{I'R_1} = 1 + \dfrac{R_1}{R_2}$

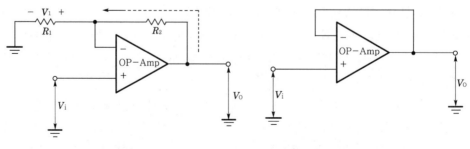

반전 증폭기　　　　　　전압 플로어 회로

ⓒ 전압 폴로어 회로 : 전압 이득이 1인 증폭기로 입력 전압과 출력 전압이 같다. 이 회로
는 입력 임피던스가 높고, 출력 임피던스가 낮아 출력시에 큰 전류가 흘러도 출력 전압
의 변화는 거의 없다.

주로 임피던스 정합을 하기 위한 완충(buffer) 회로에 사용한다.

ⓓ 차동 증폭기 : 차동 증폭기는 OP-Amp의 반전 입력 단자와 비반전 입력 단자에 동시
에 입력 전압을 인가하는 증폭기이다.

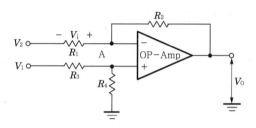

출력 전압 V_0 을 구하기 위해서 차동 증폭기 회로에 중첩의 정리를 적용한다.

ⓐ $V_1 = 0$ 으로 하면, OP-Amp는 반전 증폭기로 동작한다.

$$V_{01} = -\frac{R_2}{R_1} V_2$$

ⓑ $V_2 = 0$ 으로 하면, OP-Amp는 비반전 증폭기로 동작하고, 비반전 입력 단자 A점의
전압 V_A 는 저항 R_1 양단의 전압에 나타나고 이것이 비반전 증폭기의 입력 전압이
된다. 왜냐하면, 입력 단자 사이는 가상 접지된 상태이기 때문이다.

$$V_A = \frac{R_4}{R_3 \cdot R_4} V_1 = V_1$$

$$V_{02} = [\frac{R_1 \cdot R_2}{R_1}] V_i = \frac{R_1 \cdot R_2}{R_1} \frac{R_4}{R_3 \cdot R_4} V_1$$

ⓒ 중첩의 정리에 의하여

$$V_0 = V_{01} \cdot V_{02} = -\frac{R_2}{R_1} V_2 + \frac{R_1 + R_2}{R_1} \frac{R_4}{R_3 + R_4} V_1$$

$$= -\frac{R_2}{R_1} [V_2 - \frac{1}{1 + \dfrac{R_3}{R_4}} (1 + \frac{R_1}{R_2}) V_1]$$

$$\frac{R_1}{R_2} = \frac{R_3}{R_4} \text{ 이라면}$$

$$\therefore \quad V_0 = -\frac{R_2}{R_1}(V_2 - V_1)\,(\text{V})$$

ⓓ 비교기 : OP-Amp 2개의 입력 단자 중 어느 한쪽의 입력 단자에 비교용의 기준 전압 V_{ref}를 가해 두고, 다른 쪽 입력 단자에 비교되는 입력 전압 V_i를 가한 후, 이 V_i 가 V_{ref}보다 큰가 작은가를 비교하는 회로이다. 이 때, 출력전압은 $+V_{sat}$, 또는 $-V_{sat}$로 나타나게 되며, V_{ref} 는 다음과 같다.

$$V_{ref} = \frac{R_2}{R_1 + R_2}\, V_1$$

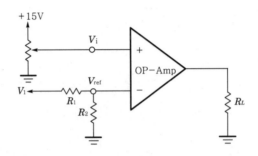

$$V_i > V_{ref} \text{ 일 때 } \quad V_0 = +V_{sat}$$
$$V_i < V_{ref} \text{ 일 때 } \quad V_0 = -V_{sat}$$

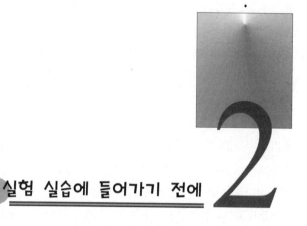

2 실험 실습에 들어가기 전에

실험 장비 사용법

2-1 오실로스코프(oscilloscope)

다음은 실험에서 사용하는 오실로스코프(oscilloscope)의 패널 그림과, 각 조작 장치의 패널 그림과, 조작 장치에 대한 설명이다. 각 노브의 기능에 대해서 충분히 이해하고 넘어가길 바란다.

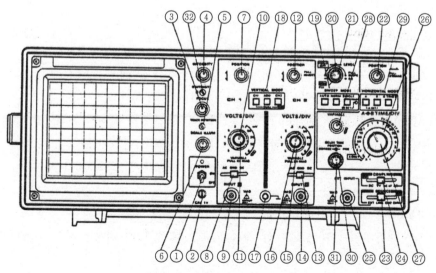

〈오실로스코프의 전면 패널〉

① POWER : 전원 스위치

② CAL : 교정 전압 단자. 구형 파형 출력 단자로서 프로브의 구형파 특성 조정 및 수직 축 GAIN 교정에 사용

③ FOCUS : 이 조정 장치는 형광면에 예민한 궤적을 얻기 위해 INTENSITY와 함께 조정하는 것이다. 이 두 조정 장치는 상호 작용이 있어서 하나를 조정하면 다른 것을 조정하여야 한다.

④ INTENSITY : 이 조정 장치는 CRT상의 밝기와 휘도를 조정한다. 시계 방향으로 회전시키면 밝기가 강해진다. 휘도는 CRT 형광면이 손상되지 않도록 너무 강하게 해서는 안 된다.

⑤ TR(TRimmer pot) : 지자기의 영향으로 휘선이 기우는 것을 조정하는 단자이다.

⑥ SCALE ILUM : 눈금의 밝기를 조정한다.

⑦, ⑫ POSITION : ⑦은 CH₁ 궤적의 수직 위치를 조정하는 단자이다. ⑫는 CH₂의 궤적의 수직 위치를 조정하는 단자인데 손잡이를 당기면 입력 신호의 극성이 반전된다.

⑧, ⑬ AC-GND-DC : 이 단자는 수직 입력 절환 스위치로서 AC의 경우, 입력 단자 콘덴서가 삽입되어 입력 신호 중 직류 성분이 제거되고 교류 성분만이 관측된다. DC의 경우 입력 단자가 직접 스코프에 직결되어 제거되는 성분 없이 모두 입력된다. GND의 경우 입력 단자는 개방되고 내부 증폭기의 입력은 Ground가 영점 조정시 사용된다.

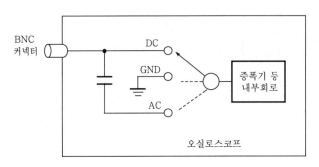

〈수직 입력 절환 스위치〉

⑨, ⑭ INPUT : 수직 입력 신호 연결용 BNC 커넥터

⑩, ⑮ VOLT/DIV : 수직 입력 신호를 감쇄하는 단자이다. VOLT/DIV의 제시치는 형광면의 수직 편향의 매눈금에 해당하는 전압을 결정한다.

⑪, ⑯ VARLABLE PULL×5MAG : Ch₁과 Ch₂의 수직 감쇄기 미조정 스위치로 형광면의 신호의 높이를 고정할 수 있다. 완전한 시계 방향은 수직 입력 신호의 첨두대 첨두 전압 측정을 위하여 고정된다. 이 두 손잡이는 당기면 수직 이득이 5배가 된다.

⑰ GND : 본체의 접지 단자

⑱ VERTICAL MODE

Ch₁, Ch₂ : 채널 1이나 채널 2의 한 개의 입력만 관측할 때 사용된다. 그 때의 트리거원은 입력 신호가 된다.

DUAL : Ch₁과 Ch₂를 동시에 관측할 때는 Ch₁과 Ch₂의 스위치를 동시에 누른다. 이 때는

2현상 오실로스코프가 된다.

ADD : Ch$_1$의 입력 파형과 Ch$_2$의 입력 파형의 합 및 차의 신호를 그릴 수 있는 단자이다. 이 스위치를 누르면 두 신호의 합이 나타나고, 차의 신호를 보려면 이 스위치를 누르고 Ch$_2$의 POSITION 단자를 당긴다.

⑲ SWEEP MODE : 소인(SWEEP) 방식을 선택하는 스위치

AUTO : 오토 모드로서 오실로스코프에 가해지는 입력의 트리거 신호가 없을 경우 형광면 상에는 아무런 파형도 나타나지 않으므로 측정자의 입장에서는 파형의 위치나 크기를 잘못 추측한 것인지 곤란한 경우가 있다. 이 때 이 모드는 스코프에 가해지는 파형이 없더라도 프리 러닝(Free running)하도록 하는 모드이다. 주파수 50Hz 이하의 신호에서도 같은 동작을 한다.

NORM : AUTO MODE와는 달리 트리거 신호가 없으면 파형은 나타나지 않는 모드이다. 주로 50Hz 이하의 반복 신호의 관측에 사용된다.

SINGLE : (PUSH TO RESET) : 단발 펄스 등과 같이 1회만 발생하는 현상 또는 간헐적으로 발생하는 신호를 관측할 때 사용된다. RESET되기 전까지는 소인 회로는 한 번만 소인된다. 반복적으로 단 소인하기 위해서는 RESET 스위치를 수동으로 조작해야 한다.

⑳ HOLD-OFF : 이것은 소인이 정지하고 있는 시간을 제어하여 소인의 반복 주기를 관측하는 신호의 반복 주기와 맞춤으로 파형을 정지시키는 것이다.

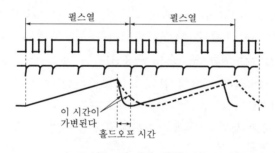

〈홀드오프의 원리〉

㉑ TRIG LEVEL : 트리거 신호원의 파형의 어느 부분에서 트리거 펄스를 끄집어 내는가를 결정하는 단자이다. 아래 그림을 참조한다.

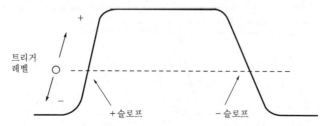

LEVEL 손잡이를 당기게 되면 동기 신호의 극성을 결정한다.
즉 SLOPE +/−의 기능을 하게 된다.

〈LEVEL과 SLOPE +/−〉

㉒ POSITION : 궤적(trace)의 수평 위치를 조정한다. 궤적의 형광점은 면의 중앙을 차지하도록 한다. 이 스위치를 앞으로 당기면 수평 증폭기의 GAIN이 10배로 되면 CRT 관면 소인을 10배로 확대한다.

㉓ SOURCE : 트리거 신호원을 선택하는 스위치

Ch₁ : VERTICAL MODE가 DUAL이나 ADD인 경우 내부 트리거 신호를 Ch_1으로 선택한다.

Ch₂ : VERTICAL MODE가 DUAL이나 ADD인 경우 내부 트리거 신호를 Ch_2로 선택한다.

LINE : 전원 주파수의 정현파를 트리거 신호로 이용한다. 전원 관련 회로, 전파, 반파 정류 회로 등 전원 주파수 관련 측정시 편리하다.

EXT : 외부 입력 단자의 입력 신호가 트리거 신호원이 된다. 즉, 외부에서 트리거 신호를 공급하는데 마이크로 컴퓨터나 카운터 회로 측정하는 경우 SYNC 신호를 외부 트리거로 사용하면 쉽고 안정되게 트리거할 수 있는데 이런 경우 사용된다.

㉔ COUPLING : 동기(trigger) 신호의 결합 방식을 선택하는 스위치. 일반적으로 트리거 셀렉터는 동기 신호의 결합 방식(coupling)에 의해 구분되며 일반적으로 AC, DC, HF, LF, TV 등이 여기서 사용되는 것은 AC, HF,REJ(LF), TV, DC이다.

AC : 일반적으로 많이 사용되는 모드인데 동기 입력은 용량 결합이 되고 10Hz 이하의 신호는 감쇄된다.

DC : 동기 신호가 직접 동기 회로에 연결되며, 10Hz 이하의 저주파 측정시 사용된다.

HF(LF REJ) : High Pass Filter가 입력에 결합되어 저주파 성분(3-50 kHz)을 제거시키므로 험이나 저주파 잡음을 포함하는 신호에서 고주파 성분으로 트리거를 안정시키기 위한 목적으로 사용된다.

HF REJ : Low pass filter가 입력에 결합되어 50 kHz 이상의 고주파 성분이 제거되므로 저주파 신호로 트리거하는 경우에 사용한다.

TV : TV 영상 신호 중의 동기 신호에 동기하여 관측할 경우에 사용된다.

SEC/DIV : 스위치의 0.5 s-0.1 μs까지는 TV-V로 되어 수직 동기신호에 동기되고 0.2 μs/까지는 TV-H로 되어 수평 신호에 동기된다.

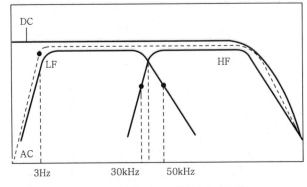

〈트리거 결합에 따른 주파수 대역폭〉

㉕ EXT INPUT : 외부 트리거 신호 입력용 단자

㉖ SEC/DIV : 소인 시간을 설정하는 단자이다. 완전히 반시계 방향으로 돌리면 X-Y 동작
모드가 되는데 X-Y 동작 모드는 Ch_1이 X축(수평 방향)의 입력단자가 되고 Y축(수직방
향)의 입력단자가 된다.

㉗ B SEC/DIV : B 소인의 소인 시간을 결정하는 단자이다.

㉘ VARIABLE : 소인 시간의 미세 조정 단자이다. 보통 시계방향으로 충분히 돌려 CAL의
위치에 고정시켜 준다.

㉙ HORIZONTAL MODE

A : 주소인, 즉 A 소인 모드로 동작한다.

A INT : A 소인 파형을 확대하거나 부분을 선택할 경우 사용된다. A 소인에 대해서 B 소
인부를 밝게 표시하다.

B : 지연 소인인 B 소인만 표시한다. 지연 소인은 주로 복잡한 파형의 일부를 형광면에서
확대하고 그 시간을 측정하는 기능이다.

B TRIG : 연속 지연과 동기 지연을 선택하는 스위치가 눌러진 상태는 동기지연이고 눌려
지지 않은 상태가 연속지연이다.

㉚ B DELAY POSITION/COARSE : 지연 시간을 연속적으로 설정하는 단자이다. A SWEEP
파형을 확대하거나 부분을 선택하는 단자이다.

㉛ B DELAY TIME POSITION/FINE : 위 39번 단자의 미세 조정 단자이다.

㉜ B INTENSITY : B 소인의 휘도를 조정하는 단자이다.

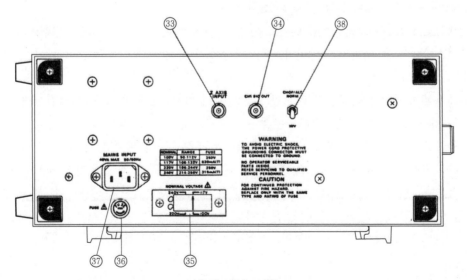

〈후면 패널 그림〉

㉝ Z AXIS INPUT : 외부 휘도 변조용 입력 단자

㉞ Ch_1 OUT : Ch_1 PRE-AMP의 출력

㊳ CHOP/ALT : CHOP/ALT 선택 단자이다. 듀얼 모드에서는 ALTERNATING 모드와

CHOP 모드로 전환하는 동작을 한다. 2현상 표시의 시분할 방법에는 알터네이터 모드와 촙 모드가 있는데 알터네이터 모드는 ALT 모드라고 하며 다음 그림의 (a)와 같이 1번째로 하나의 파형을 모두 그리고 다음 파형을 그리는 방법이다. 동시에 2개의 신호를 표시하지 않으므로 반복 신호, 특히 반복이 빠른 경우에 적당하다. 랜덤한 신호의 경우 올바른 위상의 비교가 되지 않는다. 촙 모드에서는 다음 그림의 (b)와 같이 두 개의 신호가 1회 소인 사이에 분할되어 표시된다. 따라서 랜덤한 신호는 관측이 용이하나 소인이 빠른 신호는 관측하기 힘들다. 대체로 소인이 빠른 모드에서 ALT 모드를 사용하고 소인이 느린 신호에서는 CHOP 모드를 사용한다.

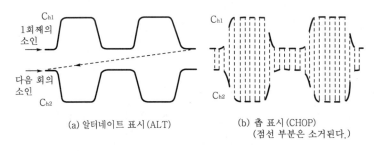

(a) 알터네이트 표시(ALT) (b) 촙 표시(CHOP)
                              (점선 부분은 소거된다.)

〈알터네이터와 촙 모드의 표시〉

※ 실험하기 전 오실로스코프 조작에 대한 설명을 충분히 읽어야 하고 휘도를 너무 높게 하지 말 것.

(1) 궤적에 영향을 주는 조정 장치의 조작

① 오실로스코프를 켜라. 스코프는 보통 시간 지연 릴레이를 갖고 있다. 릴레이가 작동하는 소리를 들을 때까지 기다린다. 이것은 스코프가 예열되고 동작 준비가 된 후에 일어난다. (약 1~2 분)

② 궤적이 형광면에 나타나지 않으면 트리거 스위치가 AUTO에 있는가를 검사해 보고 이 위치에 있지 않으면 AUTO에 놓는다.

③ 그래도 궤적이 나타나지 않으면 INTENSITY 조정 장치를 완전히 시계 방향을 돌린다.

④ 아직 궤적이 나타나지 않으면 궤적이 나타날 때까지 위치 조정 장치를 조정한다.

⑤ FOCUS, 밝기 조정 장치를 깨끗하고 예민한 궤적이 나타나도록 조정한다. 빔을 수직 수평으로 중앙에 오도록 조정한다. 트리거링 slope를 +에 트리거링 coupling을 AC에 두고 트리거링 source를 INT에 놓는다. 오실로스코프는 AC파형을 관측할 준비가 되었다.

(2) 파형 관찰

① 오실로스코프의 각 조정 노브를 정상위치로 조정한다.

② 브레드 보드에서 오디오 신호 발생기의 주파수를 100 Hz에 출력 조정 노브의 위치를 중앙에 두고 이 출력을 오실로스코프의 Ch_1과 Ch_2에 10:1 프로브로 연결한다.

③ 오실로스코프와 브레드 보드의 전원을 켜고 수직 전압 선택기와 수평 시간축 선택기

를 적당히 조정하여 2~4 cm 크기로 2~3개의 정현파가 Ch₁은 화면의 상단에 Ch₂는 화면의 하단에 나타나도록 한다.

④ 아직 궤적이 나타나지 않으면 궤적이 나타날 때까지 위치 조정장치를 조정한다.

2-2 신호 발생기(function generator)

펑션 제너레이터는 넓은 주파수 범위는 다양한 출력 파형을 제공하는 매우 중요하고도 만능인 계기이다. 가장 대표적인 출력 파형은 정현, 구형, 삼각, 램프, 펄스파형이다. 주파수범위는 보통 수분의 1 Hz에서 수백 kHz까지 이다. 이들 정형, 구형, 삼각파는 실험이나 측정에 있어서 기본파형이다. 아래 그림은 실험에서 사용하는 브레드 보드에 포함된 펑션 제너레이터 부분이다. 파형, 진폭, 주파수를 변화시킬 수 있는데 각 손잡이(노브 : knob)의 사용 방법은 다음과 같다.

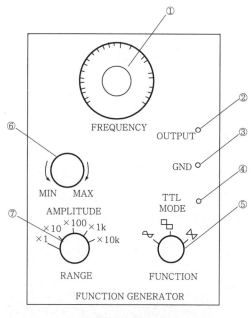

〈펑션 제너레이터〉

① FREQUENCY : 이 노브는 ⑦의 RANGE 노브와 조합되어 사용되는데 출력파의 주파수의 유효 숫자 범위로 보면 된다. 범위는 1~10까지로 되어 있는데 예를 들어 이 노브가 3을 가르키고 ⑦번의 노브가 ×10을 가르킨다면 3×10＝30 Hz 주파수의 파형이 출력된다.

② OUTPUT : 파형 출력 단자

③ GND : 출력 신호의 공통 접지 (그라운드) 단자

④ TTL MODE : 이 출력 단자에서는 파형의 형태와 AMPLITUDE는 일정한, 즉 ①과 ⑦의 노브에 의해 주파수만 가변되는 TTL출력 신호가 나온다. 파형은 50% 듀티비, 진폭은 0

V와 5V를 교대해 나타나는 신호이다.

⑤ FUNCTION : 이 노브는 출력의 파형 형태를 결정하는 노브로서 그 위치에 따라 정현파, 구형파, 삼각파로 변환을 할 수 있다.

⑥ AMPLITUDE : 그림 2-9에서 보듯 교류 신호의 주요한 성분으로는 주파수와 진폭을 들 수 있다. 이 AMPLITUDE 노브는 진폭을 변화하는 단자로서 정현파와 구형파는 0-8 V_{pp} 삼각파는 0-6 V_{pp} 로 변화시킬 수 있다.

⑦ RANGE : ①번 노브와 결합되어 주파수를 결정한다. ①번 노브에 대해 승수를 나타내는 데 이 펑션 제너레이터에서는 1 Hz-100 kHz까지의 출력을 발생시킬 수 있다.

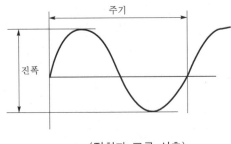

〈정현파 교류 신호〉

교류 신호에서 주기와 주파수의 관계는 역수관계이다. 즉

$$f(주파수) = \frac{1}{T(주기)} \text{ 의 관계가 성립된다.}$$

일반적으로 가장 널리 사용되는 프로브는 10:1 프로브이다. 이런 감쇄비로 가진 전압 프로브는 사용 전에 보정을 하여야 한다. 보정은 프로브를 오실로스코프의 CAL단자에 접촉시키고 프로브의 보상용 콘덴서를 조정하여야 한다.

아래 그림에서 보듯이 CAL 단자에서 출력되는 구형파가 정확한 구형파가 되도록 보정을 해 준다.

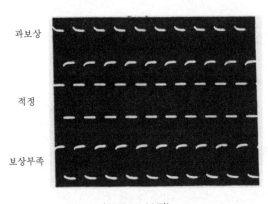

〈프로브 보정〉

(1) **조작 방법**

① 오실로스코프의 Ch_1과 Ch_2에 연결된 10:1 프로브를 스코브의 전압 교정기 출력 CAL
의 단자에 연결하고 수직 전압 선택기를 0.1VOLTS/DIV에 두고 수평 시간 축선택기를
적당히 조정하여 2~3개의 구형파가 스코프 화면에 나타나게 한 후 Ch_1과 Ch_2의 프로
브를 각각 정확히 교정한 다음 전압선택기를 좌우로 돌려서 전압 선택기의 모든 위치
에서 교정되는지를 확인하여라.

② 브레드 보드에서 펑션 제너레이터의 주파수를 100 Hz에 출력조정 놉의 위치를 중앙에
두고 이 출력을 오실로스코프의 Ch_1과 Ch_2에 10:1 프로브로 연결한다. 수직전압 선택
기와 수평 시간축 선택기를 적당히 조정하여 2~4 cm 크기로 2~3의 정현파가 Ch_1은
화면의 상단에 Ch_2는 화면의 하단에 나타나도록 한다.

③ 신호 발생기의 출력 레벨을 감소시키고 화면에 표시되는 신호 높이의 영향을 관찰한
다. 신호가 어떤 레벨 이하로 감소될 때 화면의 동기 안정도가 영향을 받는가?

④ 신호 발생기의 출력 조정 놉을 시계 방향으로 돌려서 최대 위치에 둔다. 필요하다면
수직 전압 선택기를 조정하여 전체 파형을 표시하고 이 신호 발생기의 최대 출력을 측
정하여라.

⑤ 신호 발생기의 주파수를 다시 100 Hz로 맞추고 수평 시간축 선택기를 조정하여 1~2
싸이클이 되도록 조정하여 주기(T)를 측정하고 주파수($F=1/T$)를 계산하여 구한 다
음 신호 발생기의 주파수 눈금이 정확한지를 확인하여라.

2-3 전압 측정

오실로스코프를 이용한 전압 측정에서, 가장 먼저 앞에서 얘기한대로, 생각지 않은 측정 오
류를 방지하기 위해 측정에 앞서 프로브 교정을 먼저 한다. 직류 전압이란 일정 극성 및 일정
진폭의 전압인데 좀더 확대 해석하면 직류 성분에 비하여 교류 성분이 무시될 수 있는 정도
의 신호도 포함할 수 있다. 직류 측정에서 출력 임피던스가 높은 회로를 측정하는 경우가 있
다. 이때는 오실로스코프의 부하 효과를 고려해야 한다.

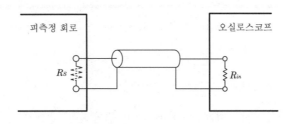

그림 2-11 직류 측정의 부하 효과

위의 그림에서 오실로스코프에서 관측되는 전압은 다음과의 관계가 있다.

$$V = \frac{R_{in}}{R_{in} + R_s} V_s \qquad V_s = 측정전압$$

예를 들어 R_s 가 $100\,\mathrm{k\Omega}$ 이라면 R_{in} 은 보통 $1\,\mathrm{M\Omega}$ 이므로

$$V = \frac{1 \times 10^6}{1 \times 10^6 + 100 + 10^3} = 0.909\,V_s$$

로 되어 실제로는 실제전압에 대해 9 % 정도의 오차가 생긴다. 이 경우 프브로를 사용하게 되면 R_{in} 이 10배로 되므로

$$V = \frac{1 \times 10^6}{1 \times 10^6 + 100 + 10^3} = 0.998\,V_s$$

로 되어 오차는 1% 정도로 줄어든다.

이와 같이 고출력 임피던스의 경우에는 감쇄 프로브를 이용하는 게 유리하다. 여기에서 교류 신호에 대해서 먼저 이해하고 넘어가야 하는 부분이 있다. 이는 실효치와 최고치 또는 peak to peak 전압이다. 통상 가정용 전압을 $100\,\mathrm{V}/60\,\mathrm{Hz}$ 라고 할 때 $60\,\mathrm{Hz}$ 라는 것은 주파수를 뜻하며 $100\,\mathrm{V}$ 라는 것은 실효치 전압을 의미한다.

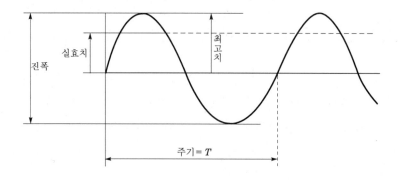

위 그림에서 보듯이 실제 가정용 전압을 오실로스코프 등으로 측정을 하면 진폭은 거의 $300\,\mathrm{V}$ 가까이 나타난다. 최고치는 $110 \times 1.414 = 155.5\,\mathrm{V}$ 정도가 나타난다. 정현파에 있어서 실효치는 다음과 같은 관계를 나타낸다.

$$최고치 = 실효치 \times 1.414$$

물론 구형파나 삼각파를 다른 형태의 파형에서는 관계식이 달라진다. 이는 그림 2-13을 참조한다.

• 맥류의 측정

- 초 저주파수의 측정
- 비 주기적 파형의 측정

AC·COUPLED INPUT WAVEFORM	PEAK VOLTAGES		METERED VOLTAGES			DC AND AC TOTAL RMS
			AC COMPONENT ONLY		DC COMPONENT ONLY	
	PK·PK	O·PK	RMS CAL*	8010A 8012A		TRUERMS $\sqrt{ac^2 + dc^2}$
SINE	2.828	1.414	1.000	1.000	0.000	1.000
RECTIFIDE SINE (FULL WAVE)	1.414	1.414	0.421	0.435	0.900	1.000
RECTIFIED SINE (HALF WAVE)	2.000	2.000	0.764	0.771	0.636	1.000
SOUARE	2.000	1.000	1.110	1.000	0.000	1.000
RECTIFIED SQUARE	1.414	1.414	0.785	0.707	0.707	1.000
RECTANGULAR PULSE $D=X/Y$ $K=D-D^2$	2.000	2.000	$2.22\,K$	$2K$	$2D$	$2\sqrt{D}$
TRIANGLE SAWTOOTH	3.464	1.732	0.960	1.000	0.000	1.000

* RMS CAL is the displayed value for average responding meters. That are calibrated to display RMS for sine waves.

〈각종 파형들의 실효치와 최대치〉

(1) 사용기기 및 부품

오실로스코프(2채널) --- 1EA

브레드 보드 --- 1EA

디지털 멀티메터--- 1EA

저항(5kΩ, 15kΩ, 30kΩ)--- 각 1EA

(2) 실험 순서

① 다음 그림과 같은 저항회로를 브레드 보드의 만능 보드에 만들고 10:1의 프로브가 연결된 오실로스코프의 Ch1에 신호발생기의 출력단자 A-G를 연결한다. 신호 발생기의 파형은 정현파로 선택하고, 주파수는 1000Hz, 출력 전압은 $5.0\,V_{P\text{-}P}$로 정확히 조정한다.

② 스코프를 사용하여 A-G, B-G, C-G간의 Peak to Peak 전압($V_{P\text{-}P}$)과 DMV을 사용한 실효치(RMS), 전압(V_{RMS})을 측정하고 두 전압의 비가 $2\sqrt{2}:1$이 되는지 확인하여라.

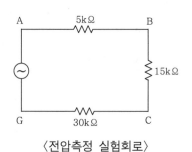

〈전압측정 실험회로〉

③ 다음에는 신호발생기의 파형을 삼각파로 맞추고 출력을 $5.0(V_{P\text{-}P})$로 다시 정확히 조정한 뒤에 2항의 실험을 반복해서 하여라. 또한 주 전압 측정치의 비를 계산하고 정현파의 경우와 다른 이유를 설명하여라

④ 끝으로 DC+5(V) 전압을 신호 발생기 대신에 A-G간을 연결하고 2항의 실험을 반복해서 하여라. 또한 두 전압 측정치의 비가 1:1이 되는지를 확인여라.

측정구간	$V_{P\text{-}P}$ 계산치	정현파 전압원		삼각파 전원원		DC전압원	
		스코프 ($V_{P\text{-}P}$)	DVM (V_{RMS})	스코프 ($V_{P\text{-}P}$)	DVM (V_{RMS})	스코프 ($V_{P\text{-}P}$)	DVM (V_{RMS})
A-G간							
B-G간							
C-G간							

2-4 시간 측정, 위상 측정

오실로스코프는 시간 측정에 유력한 측정기로 TIME/DIV 단자에 의해 설정된 일정한 시간 으로 전자 빔은 좌에서 우로 이동을 한다. TIME/DIV의 단위를 가지며 한 눈금을 이용하는데 요하는 시간을 나타낸다. 그래서 오실로스코프 형광면에 나타난 파형의 시간은 다음의 식으로 나타낼 수 있다.

시간=(TIME/DIV 설정 값)×수평 눈금 수

반복적인 파형일 경우, 하나의 파형 반복되는 시간을 주기라고 하며 주파수는 다음의 식으로 나타낸다.

$$주파수(Hz) = \frac{1}{주기}$$

아래 그림을 보자. 그림과 같이 형광면에 파형이 나타나고 TIME/DIV 단자가 놓여 있다고 하자.

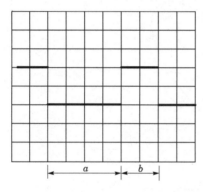 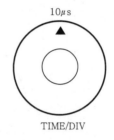

〈시간의 측정〉

이때의 주기는 (a+b)×(TIME/DIV)로 나타낼 수 있다.

(4+2)×10 μs=60 μs

또한 수파수는 주기의 역수이므로   1/60 μs=16.7(kHz)
그래서 주파수는 16.7 kHz가 된다. 또한 듀티 팩터(duty factor)는

$$\frac{a}{(a+b)} = 0.33 이 된다.$$

이렇게 측정할 때 주의할 점은 TIME/DIV의 VARIABLE 단자 우측으로 다 돌린 상태 즉 잠겨진 CAL의 상태에 있어야 하며, 소인 확대 단자를 점검해 보아야 한다. 또한, 오실로스코프 는 연관성이 있는 2개의 파형에 대해 위상차 시간차의 측정에 편리하다. 단, 2개의 신호 사이

에 전혀 시간 관계가 없는 경우는 측정하기가 곤란하다. 시간차를 측정하기 위해서는 DUAL 모드로 두어야 한다. 증폭기의 입출력같이 위상이 반전하는 것은 Ch₂의 손잡이를 Ch₂의 입력 신호의 극성이 반전되므로 동상으로 변환하여 여러 가지 측정할 수 있다. 오실로스코프에는 수직 축과 수평축 2개의 증폭기가 있으므로 각각에 신호를 가하여 X-Y레코더와 비슷한 용법으로 사용할 수 있다. 이것을 X-Y 모드 동작이라고 하며 용도로는

① 2개 신호의 주파수 관계 측정(리사쥬 도형)
② 2개 신호의 직선성, 찌그러짐 측정(HiFi 앰프의 크로스 오버 찌그러짐)
③ 커브 트레이서로 사용하여 소자의 특성 곡성 측정

등이 있다. 먼저 리사쥬도형에 의해 주파수를 측정하기 위해서는 Ch₂ 즉 Y축에 기준이 되는 주파수 신호를 인가하고 Ch₁ X축에 측정하고자 하는 주파수 신호를 인가한다. 리사쥬 도형으로 측정할 수 있는 것은 진폭과 주파수, 위상차 등이 된다. 그림 2-15에서 볼 때 수평 방향의 최대 진폭과 수직 방향의 최대 진폭 비는 두 신호의 진폭비가 된다.

$$진폭비 = \frac{\text{비교 신호의 최대 진폭}}{\text{기준 신호의 최대 진폭}} = \frac{\text{수직 방향 전압}}{\text{수평 방향 전압}}$$

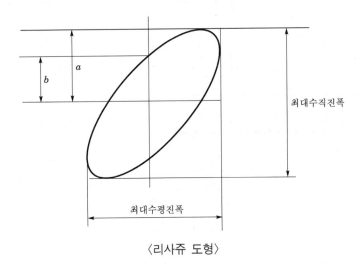

〈리사쥬 도형〉

위상을 비교할 때는 위 그림에서

$$위상차 \ \theta = \sin^{-1}\frac{B}{A}$$

동일 주파수인 경우의 위상에 따른 도형을 아래 그림과 같다.

| 0° | 22.5° | 45° | 67.5° | 90° | 112.5° | 135° | 157.5° | 180° |
| 360° | 337.5° | 315° | 292.5° | 270° | 247.5° | 225° | 202.5° | |

〈위상차에 의한 파형 변화〉

주파수비로 표시된 리사쥬 도형이 임의 수평 눈금 선과 교차하는 수를 읽어 그 비로 계산
할 수 있다.

주파수비에 따른 도형을 아래 그림에 나타내었다.

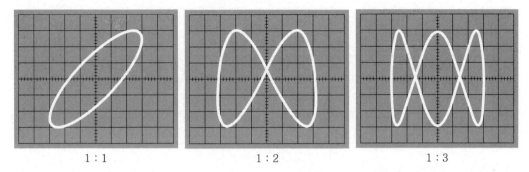

〈주파수에 따른 파형 변화〉

(1) 사용기기 및 부품

오실로스코프 (2CH, X-Y모드 가능)-- 1EA
브레드 보드 --- 1EA
저항(1 kΩ)-- 2EA
인덕터(33 mH)--- 1EA

(2) 실험 순서

1) 저항성 회로의 위상관계

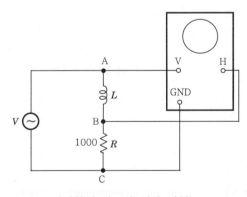

〈저항성 회로의 위상 실험〉

① 위 그림과 같이 저항회로를 브레드 보드에 만들고 10:1에 프로브가 연결된 오실로스
코프의 Ch$_1$(수직축)을 신호 발생기의 양단 A-C간에 연결하고, Ch$_2$(수평축)을 B-C간에
연결한다. 신호 발생기의 파형은 정현파로 선택하고 주파수는 50Hz, 출력전압은 5.0
V_{P-P}로 정확히 조정한다.

② TIME/DIV절환 쪽으로 돌려 맞추어 오실로스코프를 X-Y모드로 두면 수직축은 전압을
표시하고 수평축은 전류를 나타낸다. Ch$_1$(수직축)과 Ch$_2$(수평축)의 전압 선택기를 적

절히 조절하여 수직과 수평이 똑같이 편향되도록 하고, 수직 위치 조정기와 수평 위치 조정기로 도형이 스코프 화면의 중앙에 위치하도록 한다. 이 도형을 그리고 그림 2-17 을 참조하여 전류와 전압의 위상각을 구하여라.

③ 신호 발생기의 주파수를 5kHz에 놓고 출력은 그대로 5.0 $V_{P\text{-}P}$을 유지하면서, 2항의 실험을 다시 하여라.

주파수	리사쥬 도형	위상각(θ)
50 Hz		
5 kHz		

2) 유도성 회로의 위상관계

① 유도성 회로를 실험하기 위하여 다음 그림과 같이 R을 33(mH) 쵸크 L로 대치하고 전압과 전류 파형은 정현파로 선택하고 주파수는 50(Hz), 출력전압은 $V_{P\text{-}P}$로 정확히 조정한다.

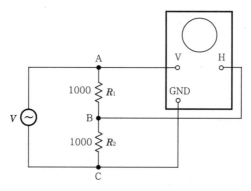

〈유도성 회로의 위상관계 실험〉

② Ch_1(수직축)과 Ch_2(수평축)의 전압 선택기를 적절히 조정하여 수직축과 수평축이 똑같이 편향되도록 하고, 수직 위치 조정기와 수평 위치 조정기로 도형이 스코프 화면의 중앙에 위치하도록 한다. 이 도형을 그리고 그림 중 위생차에 의한 파형변화를 참조하여 전류와 전압의 위상각을 구하여라.

③ 신호 발생기의 주파수를 5kHz에 놓고 출력은 그대로 5.0 $V_{P\text{-}P}$을 유지하면서 5항의 실험을 다시 하여라.

주파수	리사쥬도	A	B	위상각
50 Hz				
5 kHz				

3

포토다이오드

3-1 포토다이오드의 관계 지식

(1) 포토다이오드의 원리

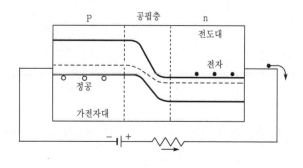

〈빛 차단시〉

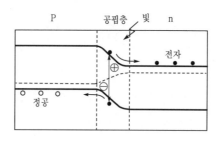

〈빛 입사시〉

pn 접합의 순방향에서 기전력을 얻는 방식은 출력이 작아서 증폭 회로가 필요하게 된다. 이 결점을 보충하기 위해서 역바이어스에 의한 축적 효과를 이용한다. 위 그림과 같이 pn 접합에 역바이어스를 걸면 (+)측에 전자가 (−)측에 정공이 모이므로 공핍층이 넓어진다.

다음에 회로를 오픈하고 빛을 투입하면 캐리어가 들뜨게 되어 공핍층 내에 확산되므로 공핍층이 좁아진다. 여기에서 다시 역바이어스 상태로 하면 충전 전류가 흘러 공핍층이 넓어진다. 이 충전 전류의 크기는 공핍층 내에 축적된 캐리어의 수에 비례하므로 직접 들뜬 캐리어를 포착하여 대단히 커진다.

⑵ 조도 대 출력의 특성

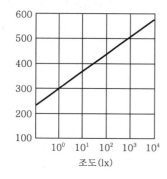

〈다이오드의 출력 단자를 개방한 경우〉

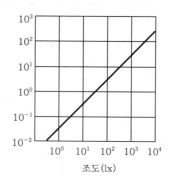

〈다이오드의 출력 단자를 단락한 경우〉

⑶ 포토 다이오드의 $V-I$ 특성

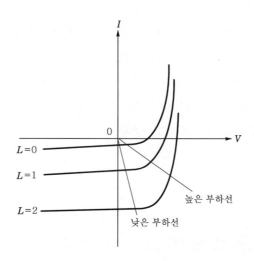

부하저항이 클수록 출력전압의 포화가 빨리 일어난다. 또한, 역바이어스 전압을 걸면 부하
선이 그만큼 전압축을 따라 이동하기 때문에 출력 전압의 포화는 일어나기 어렵게 되어 직선
영역이 넓어진다.

⑷ 특징
　① 입사광에 대한 선형성이 좋다.
　② 응답 특성이 좋다(포토 트랜지스터, CdS에 비해 2자리 이상).
　　고속 응답을 요구할 경우 수광 면적이 작은 것을 선택한다.
　③ 파장 감도가 넓다.
　④ 잡음이 적다.
　⑤ 소형·경량이다.
　⑥ 진동·충격에 강하다.
　⑦ 출력 전류가 작다.
　⑧ 부하 저항이 커지면 조도가 높아지는 쪽의 직선성이 나빠진다.
　⑨ 암전류는 온도 상승과 함께 증가한다.
　⑩ 출력 신호가 매우 낮으므로 OP-Amp를 함께 사용하는 것이 바람직하다.
　⑪ PIN 포토다이오드는 PN 포토다이오드보다 암전류가 크나 고속 응답 특성이다.

⑸ 주의 사항

① 적외선 발광 다이오드의 파장은 940 mm로 적외선이기 때문에 육안으로 확인되지 않는다.

② 적외선 다이오드는 최대 순방향 정격 전류 $I_{f\,max}=100(\text{mA})$, 순방향 전압 V_F $=1.6(\text{V})$ 이상이 되지 않도록 저항과 인가 전압을 조정한다(적외선 발광 다이오드의 불안정).

③ 적외선 발광 다이오드와 포토다이오드는 가능한 한 인접되게 배치하여 회로를 연결한다. 특히 적외선 광원인 D_1은 눕힌 상태로 배치하고, 그 높이를 적절히 하여 포토 다이오드에서 수광이 잘 되도록 배치한다.

3-2 포토다이오드의 실험

① 목적 : 포토다이오드의 사용법을 알고, 광량에 의한 기전력을 얻는다.

② 소요 재료

품명	규격	수량	품명	규격	수량
Photo D	HP-5FR2	1	저항	1(1/4W) 68, 2.2 k, 1 k, 36 k, 2 M	각 1
적외선 LED	EL-1L2	1		470	2
IC	μA741C	1	버저	DC 3V용	1
TR	2SC1815	1	VR	반고정 20 k	1
SW.	토글, 소형	2	LED	적색, 소형(TIL-221)	1
콘덴서	10 μF/25 V	1	배선	3색단선, ϕ0.5	1m

③ 실험 장비 : 아날로그 랩 유닛, 정밀 직류 전압계, 회로 시험기

(1) 포토다이오드의 무 바이어스 회로 실험

1) 회로도

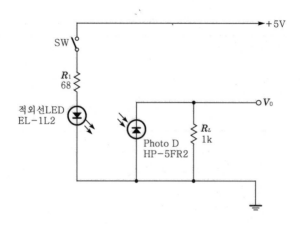

2) 회로 설명

포토다이오드는 자체에 기전력을 지니고 있는 센서 엘리먼트이므로 이것을 작동시킬 경우에는 별다른 외부 전원이 필요하지 않기 때문에, 전원이 없어도 간단히 광검출 회로를 구성할 수 있다.

출력 특성은 부하 저항이 높아질수록 출력 단자 개방형에 가까워지고 부하 저항이 낮으면 출력 단자 단락형으로 된다. 그러나 소자 단체이기 때문에 출력 신호는 매우 미약해서 증폭을 필요로 한다.

3) 실험방법

① 회로도와 같이 구성한다.(R_L =1 k)

② SW를 OFF한 후

　㉠ 자연광을 입사하고 출력 전압 V_0 를 측정한다.

　㉡ 자연광을 완전 차단하고 출력 전압 V_0 를 측정한다.

③ SW를 ON한 후

　㉠ 자연광을 입사하고 출력 전압 V_0 을 측정한다.

　㉡ 자연광을 완전 차단하고 출력 전압 V_0 을 측정한다.

④ 회로도를 재구성한다.(R_L =36 k)

⑤ SW를 OFF한 후

　㉠ 자연광을 입사하고 출력 전압 V_0 를 측정한다.

　㉡ 자연광을 완전 차단하고 출력 전압 V_0 를 측정한다.

⑥ SW를 ON한 후

㉠ 자연광을 입사하고 출력 전압 V_0를 측정한다.

㉡ 자연광을 완전 차단하고 출력 전압 V_0를 측정한다.

〔표〕

실험순서	②		③		⑤		⑥	
	㉠	㉡	㉠	㉡	㉠	㉡	㉠	㉡
측정값(V)								

⑵ 포토다이오드와 트랜지스터의 결합 회로 실험

1) 회로도

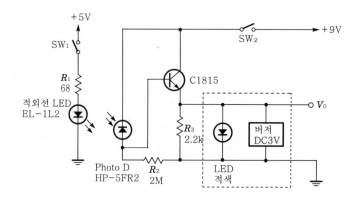

2) 회로 설명

포토다이오드의 출력 전류는 극히 미약해서 소자 단체로 사용할 수 없기 때문에 약간의 증폭 수단을 병행하여야 한다. 이것을 실현한 것이 포토트랜지스터이며, 그 원형으로서 포토다이오드와 트랜지스터의 결합 회로로 구성되었다.

3) 실험 방법

① 그림과 같이 회로를 구성하고, 포토트랜지스터에 자연광을 완전 차단한 후, SW_1을 OFF, SW_2를 ON시킨 상태에서 출력 전압 V_0를 측정한다.

② SW_1을 ON, SW_2를 ON시킨 상태에서 출력 전압 V_0를 측정한다.(LED 제거)

③ SW_1을 ON, SW_2를 OFF시키고 자연광을 최대로 입사시킨 상태에서 V_0를 측정한다.(LED 연결)

④ SW_1, SW_2를 OFF시키고, 출력저항 R_3의 양단에 적색 LED와 버저를 연결한다. 단, 버저의 연결시 (＋)단자는 포토다이오드의 애노드에, (－)단자는 GND에 연결한다.

⑤ SW_1과 SW_2를 ON시켰을 때 버저 및 LED의 동작을 관찰하고, 이 때의 출력전압 V_0

를 측정한다.

⑥ 적외선 발광 다이오드와 포토다이오드 사이에 종이 등을 넣어 차단시켰을 때 버저와 LED의 동작을 관찰한다.

〔표〕

실험 순서	①	②	③	⑤	⑥
측정값(V)					
버저와 LED의 동작 상태					

(3) 포토 다이오드와 OP-Amp의 결합 회로 실험

1) 회로도

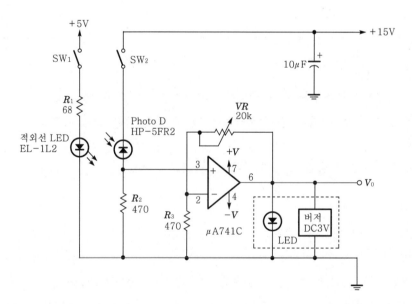

2) 회로 설명

포토다이오드의 출력 신호는 미약하기 때문에 소자 단체로 사용하는 일은 드물고 증폭 수단을 함께 사용하게 된다. 본 회로는 증폭 수단으로 OP-Amp(Operational Amplifier)를 이용하였으며 역바이어스 방식으로 구성되었다.

3) 실험 방법

① 그림과 같이 회로를 구성하고, SW₁, OFF, SW₂는 ON 상태에서 $V_R = 9.0(\text{k}\Omega)$, $V_R = 20(\text{k}\Omega)$인 경우에 각각 V_0를 측정한다.

② SW₁을 ON, SW₂을 ON시킨 상태에서 V_R의 값이 9.0(kΩ)과 20(kΩ) 경우에 각각 V_0을 측정한다.

③ SW₁과 SW₂를 OFF시킨 후, 출력 A점에 적색 LED와 버저를 점선과 같이 연결한다.

④ SW₁과 SW₂를 ON시키고 LED와 버저의 동작을 확인한다.

⑤ 적외선 발광 다이오드와 포토다이오드 사이에 종이 등을 이용하여 차단한 경우와 차단하지 않은 경우의 LED와 버저의 동작을 확인한다.

〔표〕

실험순서	측정값 및 동작 상태		
①	$V_R = 9(\text{k}\Omega)$인 경우	$V_0 =$	(V)
	$V_R = 20(\text{k}\Omega)$인 경우	$V_0 =$	(V)
②	$V_R = 9(\text{k}\Omega)$인 경우	$V_0 =$	(V)
	$V_R = 20(\text{k}\Omega)$인 경우	$V_0 =$	(V)
④			
⑤			

(4) 실험 결과 고찰

① 미약한 신호를 증폭하는 데는 어떠한 증폭 회로가 가장 적합한가?

② 실험 (1)에서 얻은 최대 출력 전압과 실험 (3)에서 얻은 최대 출력 전압의 크기를 비교한다.

③ 포토다이오드를 이용한 응용 회로에는 어떠한 것들이 있는가?

(5) 주의사항

① 적외선 발광 다이오드의 D₁의 파장은 940 mm로 적외선이기 때문에 육안으로 확인되지 않는다.

적외선 다이오드 D₁은 최대 순방향 정격전류 $I_f \max = 100$ mA, 순방향 전압 $V_F = 1.6$ V 이상이 되지 않도록 저항 R_1과 인가전압을 조정해 주어야 한다. 이 정격 이상으로 사용시 적외선 광원 다이오드 D₁의 파괴로 인해 정상적인 실험이 수행되지 못한다.

② 적외선 다이오드 D₁과 포토다이오드 D₂는 가능한 인접되게 배치하여 회로를 연결하고, 특히 적외선 광원인 D₁은 눕힌 상태로 배치하고, 그 높이를 적절히 하여 포토다이오드에서의 수광이 잘 되도록 배치하여야 한다.

▶ 포토 다이오드의 정격

형식	EE-D11	EE-D22	EE-D33	EE-D55	EE-D66
수광 소자 칩의 유효 수광 종횡 길이(mm)	1×1	2×2	3×3	5×5	6×6
케이스	금속			세라믹	
단락 전류 $I_{sh}(\mu A)$	0.7 min	2.8 min	6.3 min	17.5 min	25.2 min
개방전압 V_{op}(mV)	350 min				
암전류 I_d (nA)	0.1 max	0.4 max	0.9 max	2.5 max	3.6 max
비례 상한 조도 (lx)	5×10^4 min				

※ 측정 조건

  ◉ 단락 전류, 개방 전압

   ⇒ 광원 : 텅스텐 램프, 색 온도 : 2854 K

     조도 : 100 lx, 측정 온도 : 25℃

  ◉ 암 전류 ⇒ 인가 전압 : $V_R = 1$(V$_{DC}$), 측정 온도 : 25℃

  ◉ 비례 상한 온도 ⇒ 광원 : 텅스텐 램프, 색 온도 : 2854 K,

                        측정 온도 : 25℃

포토트랜지스터

4-1 포토트랜지스터의 관계 지식

(1) 포토트랜지스터의 원리

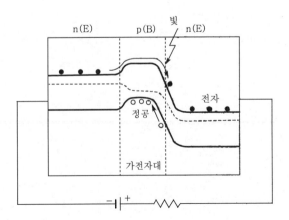

① pn 접합 기전력을 이용한 소자로 빛에 의해 생성된 정공이 베이스 영역으로 이동하여 베이스-이미터 간에 바이어스를 만들어 내는 것에 의해 증폭 효과를 낸다.

② 위 그림에서 npn형은 베이스-컬렉터 간이 역바이어스 상태로 되어 있다.

　㉠ 빛이 베이스-컬렉터 간의 공핍층과 그 부근에 가해지면 생성된 전자는 (+)도너 이온에 의해 컬렉터 측에, 정공은 (−) 억셉터 이온에 의해 베이스측으로 이동하므로 베이스-이미터 간의 pn 접합은 순방향 바이어스가 된다.

　㉡ 이로 인해 베이스-이미터 간에 순방향 전류가 흐르게 되며, 또한, 베이스 영역이 얇게 제조되어 있으므로 이미터에서 베이스 영역으로 이동한 전자는 컬렉터 영역까지 도달하여 컬렉터-이미터 간에 전류가 흐르게 된다.

(2) 포토트랜지스터의 기본 사용 회로

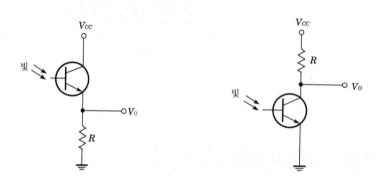

〈이미터 출력 회로〉　　　　〈컬렉터 출력 회로〉

◆ 소방 분야

강좌명	수강료	학습일	강사
소방기술사 1차 대비반	620,000원	365일	유창범
[쌍기사 평생연장반] 소방설비기사 전기 x 기계 동시 대비	549,000원	합격할 때까지	공하성
소방설비기사 필기+실기+기출문제풀이	370,000원	170일	공하성
소방설비기사 필기	180,000원	100일	공하성
소방설비기사 실기 이론+기출문제풀이	280,000원	180일	공하성
소방설비산업기사 필기+실기	280,000원	130일	공하성
소방설비산업기사 필기	130,000원	100일	공하성
소방설비산업기사 실기+기출문제풀이	200,000원	100일	공하성
소방시설관리사 1차+2차 대비 평생연장반	850,000원	합격할 때까지	공하성
소방공무원 소방관계법규 문제풀이	89,000원	60일	공하성
화재감식평가기사·산업기사	240,000원	120일	김인범

◆ 위험물 · 화학 분야

강좌명	수강료	학습일	강사
위험물기능장 필기+실기	280,000원	180일	현성호,박병호
위험물산업기사 필기+실기	245,000원	150일	박수경
위험물산업기사 필기+실기[대학생 패스]	270,000원	최대4년	현성호
위험물산업기사 필기+실기+과년도	350,000원	180일	현성호
위험물기능사 필기+실기[프리패스]	270,000원	365일	현성호
화학분석기사 필기+실기 1트 완성반	310,000원	240일	박수경
화학분석기사 실기(필답형+작업형)	200,000원	60일	박수경
화학분석기능사 실기(필답형+작업형)	80,000원	60일	박수경

(3) 광전류-방사조도 특성의 예(PT-550F)

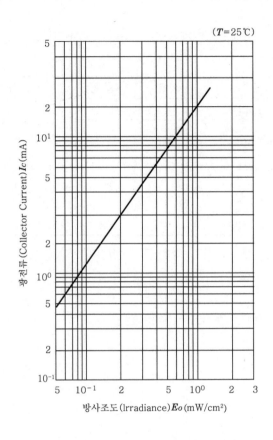

(4) 특징

① 사용 파장 영역 : $500 \sim 160$(nm)

② 최대 감도 : 800(nm) 부근

③ 포토다이오드에 비해 출력되는 광전류가 크고, S/N비가 크다.

④ 트랜지스터와 포토 달링턴의 경우 고온이 될 수록 S/N비가 저하되므로 온도 보상 회로기 필요 없다.

⑤ 베이스가 붙은 포토트랜지스터는 온도 보상에 더욱 좋고, 광전류의 직선성을 개선할 수 있다.

⑥ 신뢰성이 높고 암전류가 적으며 가격이 싸다.

⑦ 전류 증폭률이 크고 소형화가 가능하다.

⑧ 포토다이오드에 비해 h_{FE} 때문에 응답성이 늦다.($\tau = C_{CB} \cdot h_{FE} \cdot R_L$)

4-2 포토트랜지스터의 실험

① 목적 : 빛에 의한 포토트랜지스터의 전기적 특성을 이해한다.

② 소요 재료

품명	규격	수량	품명	규격	수량
Photo TR	ST1k-LB	1	LED	적색, 소형(TIL-221)	1
적외선 LED	EL-1KL3	1	부저	DC 3V용	1
TR	2SC3198	1	R	(1/4W) 68, 3.3k 4.7k, 10k, 1k 2.2k×3, 3.3k, 100k	각 1
IC	μA741C SN74LS14 SN74LS08	각 1	SW	토글, 소형	2

③ 실험 장비 : 아날로그 랩 유닛, 정밀 직류 전압계, 회로 시험기, 저주파 발진기, 오실로스코프, 전원 공급기

(1) 이미터 출력 형식 포토트랜지스터 회로 실험

  1) 회로도

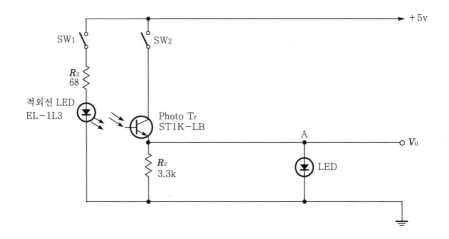

2) 회로 설명

이 회로는 이미터 출력 형식의 회로인데, 포토트랜지스터의 이미터측에 부하 저항을 접속해서 그 출력을 이미터에서 끌어내고 있다.

이러한 회로는 출력 신호가 입사광과 같은 동위상이며, 다음 단에 npn 타입의 트랜지스터를 접속하기 쉬운 이점이 있으며, 펄스 광 검출에 알맞은 회로인 반면, 출력 신호 레벨을 크게 취하지 못하는 결점이 있다.

3) 실험 방법

① 그림과 같이 회로를 구성하고, 적외선 발광 다이오드와 포토트랜지스터의 투명 창이 서로 마주보도록 눕혀서 배치한다. 이때 적외선 발광 다이오드와 포토트랜지스터의 간격은 약 1 cm 정도 띄운다.

② SW_1은 OFF, SW_2는 ON 상태에서 출력전압 V_0를 측정한다.

③ SW_1, SW_2를 ON 상태에서 출력 전압 V_0를 측정한다.(LED 제거)

④ A점에 적색 LED를 연결하고, SW_1과 SW_2의 ON 상태에서 LED의 동작 상태를 확인한다.

⑤ 적외선 발광 다이오드와 포토트랜지스터 사이에 종이 등을 이용하여, 적외선 발광 다이오드의 적외선이 포토트랜지스터에 전달되지 못하도록 차단 및 통과시키면서 LED의 동작 상태를 관찰한다.

〔표〕

실험 순서	측정값 및 동작 상태
②	
③	
④	
⑤	

(2) 트랜지스터에 의한 달링턴 회로 실험

1) 회로도

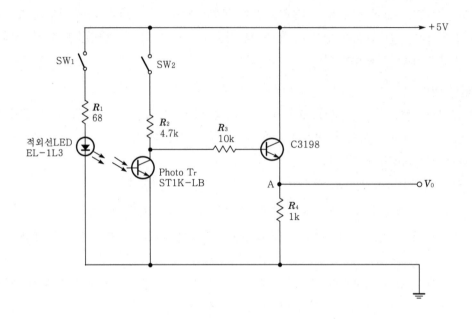

2) 회로 설명

반전형 포토 달링턴 회로는 pnp 타입의 트랜지스터를 포토 트랜지스터에 조합시킨 회로인데, 이러한 회로에서 보다 큰 출력 전압을 얻기 위해 본 회로는 비반전형 증폭 회로로 구성되었다.

일반적으로 포토 달링턴 회로는 포토 트랜지스터의 광전류를 h_{FE}배 하기 때문에 입사광량이 적어도 매우 큰 광전류를 얻을 수 있다. 그러나 겉보기 상의 시상수도 h_{FE}배로 증폭되어 응답 특성이 극히 나쁘게 되는 결점이 있으며 또한 암전류도 크게 되기 때문에 저속의 광 스위칭 회로 등에 한정되어 이용된다.

3) 실험 방법

① 그림과 같이 회로를 구성한다.

② SW_1은 OFF, SW_2는 ON 상태에서 출력전압 V_0를 측정한다.

③ SW_1, SW_2를 ON 상태에서 출력 전압 V_0를 측정한다.

④ 적외선 발광 다이오드와 포토트랜지스터 사이에 종이 등을 이용하여, 적외선 발광 다이오드의 적외선이 포토 트랜지스터에 전달되지 못하도록 차단 및 통과시키면서 LED의 동작상태를 관찰한다.

〔표〕

실험 순서	측정값 및 동작 상태	
②	$V_0 =$	(V)
③	$V_0 =$	(V)
④		

(3) 슈미트 트리거를 사용한 포토트랜지스터 회로 실험(Ⅰ)

1) 회로도

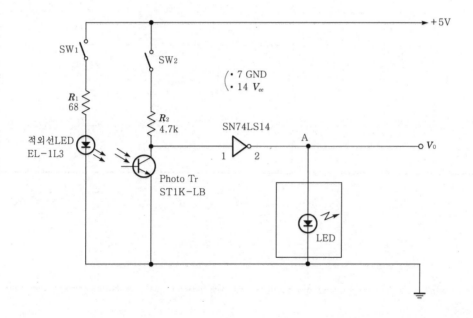

2) 회로 설명

포토트랜지스터는 그 자체가 큰 증폭 작용을 한다. 그러나 IC 등의 능동 소자를 병용하면 그 성능을 크게 개선할 수 있다. 슈미트 회로는 응답 특성 등이 매우 양호하기 때문에 내 잡음성에 강하다. 그리하여 포토트랜지스터와 슈미트 회로로 구성된 IC : SN74LS14를 조합한 회로로 구성되어 있다.

3) 실험 방법

① SN74LS14 슈미트 트리거용 IC를 이용하여 그림과 같이 회로를 구성한다.

② SW_1을 OFF 상태에서 V_0를 측정한다.

③ SW_1과 SW_2을 모두 ON 상태로 하여 V_0를 측정한다.(LED 제거)

④ A점에 적색 LED를 연결하고, 적외선 발광 다이오드와 포토 트랜지스터 사이를 차단시켜 가면서 LED의 동작상태를 관찰한다.

〔표〕

실험 순서	측정값 및 동작 상태
②	$V_0 =$ (V)
③	$V_0 =$ (V)
④	

⑷ 슈미트 트리거를 사용한 포토트랜지스터 회로 실험(Ⅱ)

1) 회로도

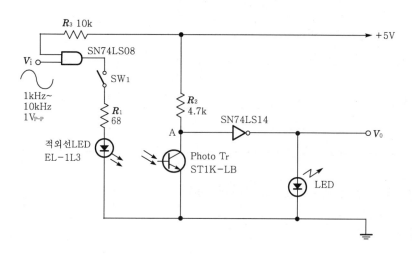

2) 회로 설명

본 회로는 3실험의 회로에서 SW_1을 저주파 발진기로 대체한 것이다. 저주파 발진기의 발진 주파수는 적외선 발광 다이오드를 ON, OFF하는 제어 입력 신호가 되며, 이 입력 신호 V_i의 (+) 반주기 동안 포토트랜지스터가 적외선 발광 다이오드로부터 적외선을 받으면 A점 전위가 "Low" 레벨이 되므로 LED가 ON된다.

3) 실험 방법

① 그림과 같이 회로를 구성한다.

② 저주파 발진기를 입력 단자에 연결하고, 주파수를 10 Hz~10 kHz, 1 V_{P-P}로 가변하면서 LED의 동작 상태를 관찰한다.

③ 종이 등으로 적외선 발광 다이오드와 포토 트랜지스터 사이를 차단시켜가면서 위 ②를 반복한다.

④ 출력 단자에 오실로스코프를 연결한다.

⑤ 저주파 발진기의 주파수를 10 Hz~10 kHz로 가변시켜 가면서, 출력 파형을 관찰하고 그때의 주파수를 관측한다.

⑥ 적외선 발광 다이오드와 포토 트랜지스터 사이를 종이 등으로 차단시켜 가면서 위 ⑤를 반복한다.

〔표〕

실험 순서	측정값 및 동작 상태
②	
③	
⑤	
⑥	

⑸ OP-Amp를 이용한 포토트랜지스터 회로 실험

1) 회로도

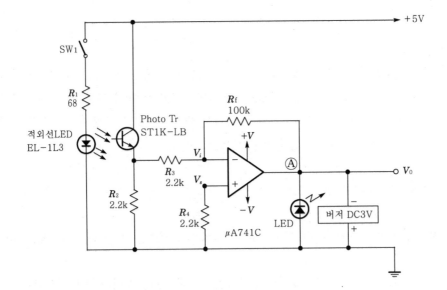

2) 회로 설명

SW₁을 ON하여 포토트랜지스터에 빛이 가해지면, V_s점의 전위가 V_i점의 전위보다 높게 되고, 그 차의 전압이 OP-Amp의 반전 증폭으로 얻어진 출력 전압에 의해 부하는 구동하지 못하나, SW₁을 OFF하거나, 적외선 발광 다이오드와 포토트랜지스터의 사이를 차단하게 되면, V_s점보다 V_i점의 전위가 높게 되어 비반전 증폭된 출력 전압에 의해 부하가 구동하게 된다.

3) 실험 방법

① 그림과 같이 OP-Amp를 이용하여 회로를 구성하고, 자연광을 차단시키고, SW₁을 OFF시킨 상태에서 출력 전압 V_0를 측정한다.

② SW₁을 ON시키고, 버저를 제거한 후 출력전압 V_0를 측정한다.

③ Ⓐ점에 적색 LED와 버저를 (−)단자가 Ⓐ점에 연결되도록 연결하고, 적외선 발광 다이오드와 포토트랜지스터 사이의 빛을 종이 등으로 차단 또는 통과시키면서 LED와 부저의 동작을 관찰한다.

〔표〕

실험 순서	측정값 및 동작 상태	
①	$V_0 =$	(V)
②	$V_0 =$	(V)
③	빛 통과시 :	
	빛 차단시 :	

⑹ 실험 결과 고찰

① 실험 (1)~(5)의 결과와 각각의 포토트랜지스터 응용에 대해 장·단점을 고찰한다.

② 포토다이오드와 포토트랜지스터를 비교하여 본다.

③ 포토트랜지스터의 응용 분야에 대하여 각 회로 특성에 맞추어서 고찰한다.

▶ 포토트랜지스터(TPS 601, 603, 604)의 정격

① 최대 정격(T_a=25℃)

항 목	정격			단위
	601	603	604	
컬렉터-이미터 사이 전압 V_{CEO}	30	20	30	V
컬렉터-베이스 사이 전압 V_{CBO}	-	-	50	V
이미터-베이스 사이 전압 V_{EBO}	-	-	5	V
이미터-컬렉터 사이 전압 V_{ECO}	5	5	5	V
컬렉터 전류 I_C	50	20	50	mA
동작 온도 T_{opr}	$-30\sim150$	$-20\sim75$	$-30\sim125$	℃
보존 온도 T_{stg}	$-65\sim150$	$-30\sim100$	$-65\sim150$	℃

② 전기적 특성(T_a=25℃)

※ 색 온도=2870K 표준 텅스텐 전구

항목		조건	603			601, 604			단위
			min	typ	max	min	typ	max	
암전류 I_D		$V_{CE}=30\,V$, $E=0$ TPS603은 $V_{CE}=6\,V$	-	0.01	0.1	-	-	0.5	μA
광전류 I_L		$V_{CE}=3\,V$, $E=10\,mW/cm^2$	0.5	1.5		10	30	-	mA
컬렉터-이미터 사이 포화 전압		$I_c=50\,mA$, $E=10\,mW/cm^2$ TPS603은 $I_c=0.5\,mA$		0.2	0.5	-	0.25	0.5	V
스위칭 시간	상승 g 시간	$V_{cc}=5\,V$, $I_c=10\,mA$		3		-	2	-	μs
	하강 시간	$R_L=100\,\Omega$ TPS603은 $V_{cc}=10\,V$, $I_c=1\,mA$		2		-	2	-	μs

실험 실습

CdS 광도전 셀

5-1 CdS 광도전 셀의 관계 지식

(1) CdS 광도전 셀

① 구조 및 원리

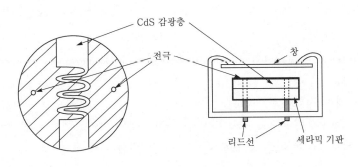

〈구 조〉

㉠ CdS 광도전 셀은 황화카드뮴을 주성분으로 한 광도전 소자의 일종이며, 조사광에 의해 내부 저항이 변화하는 일종의 광저항기이다.

㉡ 포토다이오드나 포토트랜지스터에 비해 회로적으로 다루기 쉬운 광 센서이므로 저항기와 같은 감각으로 사용할 수 있다.

㉢ 응답 특성이 매우 느리므로 고속의 광 스위치에는 부적합하며, 조도가 완만하게 변하는 센싱에 한정된다.

㉣ 반면에 태양 전지는 광량에 따라 기전력이 발생하는 소자이다.

〈CdS〉　　　　　　　　〈태양 전지〉

② R-I 특성

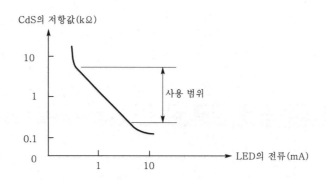

CdS를 통과하는 전류량에 따라 CdS의 저항 변화는 위 그림과 같이 상·하의 부분에 포화 상태를 가지고 있으므로 실제 사용시에는 직선 구간만을 사용하는 것이 바람직하다.

③ CdS 광도전 셀의 특징

㉠ 포토트랜지스터에 비해 1자리 이상 응답 특성이 늦다.

㉡ 무극성이다.

㉢ 밝아지면 내부 저항이 낮아진다.

㉣ 조도 10 lx와 100 lx의 2점 사이의 내부 저항값에서 산출된다.

㉤ 조도 지수(γ)가 큰 것은 조도에 대한 저항값 변화가 크다.

5-2 CdS 광도전 셀의 실험

① 목적 : 광량에 의한 CdS의 저항 변화를 알고 응용할 수 있다.

② 소요 재료

품명	규격	수량	품명	규격	수량
CdS	P201D/SR14	1	R	(1/4W)470, 1k×5, 2k×3, 1.5k, 3.3k, 4.7k, 3k, 5k 5.6k, 6.8k, 10k, 8.2k 22k, 15k, 100k	각 1
IC	NE555 SN74LS00	1			
TR	2SC3198 2N2222A×2 2N2907	각 1	VR	가변 저항 1k	1
			C	0.47 μF, 3.3 μF/16V, 0.01 μ	각 1
LED	적색, 소형	1	SCR	F2R5G	1
버저	DC 3V형	1	Lamp	110V, 6.5W	1
SP	8Ω 1W	1			

③ 실험 장비 : 아날로그 랩 유닛, 정밀 직류 전압계, 오실로스코프, 회로 시험기

(1) CdS 셀의 기본 특성 실험

1) 회로도

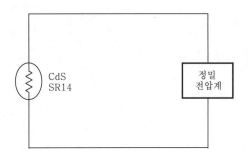

2) 실험 방법

① 회로의 CdS 셀을 자연광에 있는 상태에서 양 단자를 회로 시험기의 저항계를 이용하여 저항을 측정한다.

② CdS 셀의 투명창을 종이 등으로 덮어 차단한 상태에서 저항값을 측정한다.

③ CdS 셀을 완전히 손등으로 감싸서 빛이 전혀 들어가지 않도록 차단하고, 이때의 저항값을 측정한다.

④ CdS 셀의 투명창에 손전등 등을 이용하여 빛을 비춘 상태에서 저항을 측정한다.

〔표〕

실험 순서	측정 값
①	(Ω)
②	(Ω)
③	(Ω)
④	(Ω)

⑵ 빛에 의한 알람 회로 실험

1) 회로도

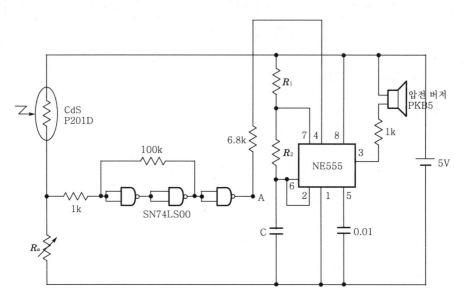

2) 회로 설명

이 회로는 CdS 셀의 저항 변화를 슈미트 회로로 잡아서, 그 출력으로 다음 단 비안정 멀티바이브레이터의 리셋 단자를 이용하여 동작시키고 있다.

압전 버저는 알람용이고, 이것에 의해 광 센서로의 입사광 유무를 확인할 수 있다. 사용법으로는 여러 가지가 있으나, 아침이 되면 버저가 울려 잠을 깨우는 알람, 광(光) 빔이 비치면 울리기 시작하는 광선총의 타깃, 그 외 앨범, 책, 서랍 등을 열면 자동적으로 울리게 되는 차임 장치도 있다. 이들은 모두 설정 조도값이 다르지만 그림 중의 가변 저항 R_a 를 적절히 조정해서 임의의 조도 레벨로 스위칭을 할 수 있다.

▶ NE555 타이머(timer)의 비안정 멀티바이브레이터

① NE555 타이머의 내부적인 기능

㉠ NE555 타이머의 전원 전압 V_{cc}는 4.5V~18V의 범위에서 사용할 수 있다.

㉡ RS-FF의 출력 (Q')는 세트(Set) 단자에 High 입력이 가해질 때 "L"로 가고,

㉢ 리셋(Reset) 단자에 High 입력이 가해지면 "H"로 간다.

㉣ 전압 분배기는 비교기-1(Comparator-1)의 반전 입력 단자와 비교기-2의 비반전 입력 단자에 각각 다른 바이어스 전압을 공급한다. 비교기-1의 비반전 입력 단자는 6번 핀(threshold), 비교기-2의 반전입력 단자는 2번 핀(trigger)에 연결되어 있다.

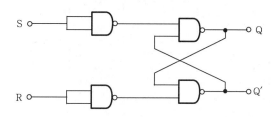

〈RS-FF의 논리 회로〉

입력		출력		기 능
S	R	Q	Q'	
L	L	Q	Q'	유지
L	H	L	H	Reset
H	L	H	L	Set
H	H	H	H	금지

〈RS-FF의 진리표〉

〈RS-FF의 심벌〉

㉤ 비교기의 출력 레벨은 플립플롭을 제어하고, 플립플롭의 출력은 출력단(Output-Stage)과 npn TR Q_1에 접속되어 있다. 플립플롭의 출력이 "High"일 때 Q_1이 ON되어 7번 핀(discharge)에 연결된 콘덴서 전압을 방전시킨다. 플립플롭의 출력이 "Low"일 때 Q_1은 OFF이다.

㉥ 출력단은 저출력 저항이고 플립플롭의 출력 레벨을 바꾼다. 만약, 플립플롭의 출력이 "High"일 때 3번 핀에서의 전압은 "Low"이고, 플립플롭의 출력이 "Low"이면 3번 핀의 전압은 "High"이다.

㉦ TR Q_2는 이미터가 내부 기준 전압 V_{REF}에 접속된 pnp TR이고, 내부 기준 전압 V_{REF}는 V_{cc}보다 항상 작다. 만약, 4번 핀(reset)이 V_{cc}에 접속된다면 Q_2의 베이스-이미터 접합은 역바이어스가 되어 OFF 상태로 된다. 한편, 4번 핀이 V_{REF} 이하

로 떨어지면 (즉, GND 레벨) Q₂는 ON되어 Q₁을 ON시키고, 3번 핀의 출력을 GND 레벨로 만들며 플립플롭을 "High" 출력 상태로 되게 한다.

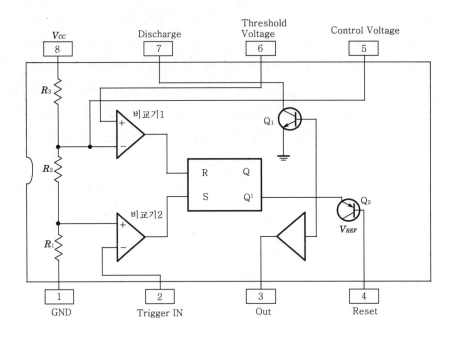

〈NE555의 기능 블록도(Top View)〉

② NE555 비안정 멀티바이브레이터

㉠ 콘덴서 C_A의 전압이 $1/3\ V_{cc}$ 이하로 갈 때, 비교기-2의 반전 입력이 비반전 입력 레빌($VR_3 = 1/3\ V_{cc}$) 이하로 된다. 그러면, 비교기-2의 출력이 "High"로 되고 RS-FF의 세트 입력으로 트리거되어 플립플롭의 출력이 "Low"로 된다. 이 결과로 Q_1이 OFF되고 콘덴서 C_A는 R_A와 R_B를 통하여 충전한다. 충전 시간 T_1은 다음 식에 의해 얻어진다.

$$T_1 = CR\ \ln\ \frac{E - E_0}{E - E_c}\ \text{(s)}$$

여기서, C_A는 $(R_A + R_B)$를 통하여 $1/3\ V_{cc}$에 $2/3\ V_{cc}$까지 충전하므로 콘덴서의 초기 전압 $E_0 = 1/3\ V_{cc}$이고, 최종 전압 $E_c = 2/3\ V_{cc}$가 된다. 그리고 공급전압 $E = V_{cc}$이므로 충전 시간 T_1은 다음과 같이 주어진다.

$$T_1 = C_A(R_A + R_B)\ \ln\ \frac{V_{cc} - \dfrac{1}{3}\ V_{cc}}{V_{cc} - \dfrac{2}{3}\ V_{cc}}$$

$$= C_A(R_A + R_B) \ln 2$$

$$= 0.693 C_A(R_A + R_B)(\sec)$$

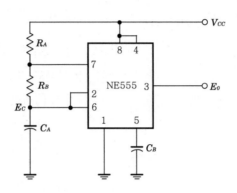

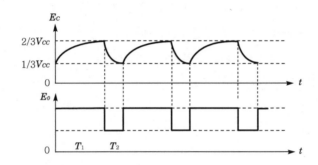

ⓛ 콘덴서 C_A는 충전 전압이 $2/3 V_{cc}$가 될 때까지 계속 충전한다. 즉, 비교기-1의 비 반전 입력이 반전 입력 레벨 ($V(R_2 + R_3) = 2/3 V_{cc}$) 이상으로 증가하면, 비교기-1 의 출력이 "High"로 되고 RS-FF의 리셋 입력으로 트리거되어 플립플롭의 출력을 "High"로 만든다. 이 결과로 Q_1은 ON되고 콘덴서 C_A는 Q_1에 의하여 저항 R_B을 통해 방전한다. 방전시간 T_2는 다음과 같다.

$$T_1 = C_A R_B \ln \frac{0 - 2/3 V_{cc}}{0 - 1/3 V_{cc}}$$

$$= C_A R_B \ln 2$$

$$= 0.693 C_A R_B (\mathrm{s})$$

ⓒ 콘덴서 C_A의 방전은 충전 전압이 $1/3 V_{cc}$ 이하로 떨어질 때까지 계속한다. 비교기 -2의 출력이 "High"로 가는 순간 RS-FF의 출력은 "Low" 상태로 트리거고 Q_1은 OFF된다.

㉣ 위의 과정은 전압이 공급되는 동안 계속적으로 반복한다. 발진 주기 T는

$$T = T_1 + T_2$$
$$= 0.693\,C_A(R_A + R_B) + 0.693\,C_A R_B$$
$$= 0.693\,C_A(R_A + 2R_B)(\text{s})$$

㉤ 콘덴서 C_B는 제어 전압 단자(5번 핀)에 외부 전압이 없을 경우 비교기-1의 반전 입력에 불필요한 잡음 신호가 생기는 것을 방지하고 또한, 높은 트리거 주파수에서 내부 저항 R_2와 R_3 양단에 직류 전압이 유지하게 하는 바이패스(by-pass) 콘덴서의 기능도 있다.

3) 실험방법

① R_a, R_1, R_2, C를 결정한 후, 회로를 구성한다.

② CdS 셀에 빛을 가했을 때와 차단하였을 때의 총 전류를 측정한다.

③ 임의의 조도 레벨에서 R_a의 값을 측정한다.

④ CdS 셀에 빛이 가해졌을 때와 완전 차단되었을 때

　㉠ A점 파형을 측정한다.

　㉡ 출력 파형을 측정한다.

〔표〕

실험 순서		측정값 및 파형	
②		빛 인가시 :　　　　　　　　　　　　(mA) 빛 차단시 :　　　　　　　　　　　　(mA)	
③			(Ω)
④	㉠	빛 인가시	빛 차단시
	㉡	빛 인가시	빛 차단시

(3) 빛 차단 경보회로 실험

1) 회로도

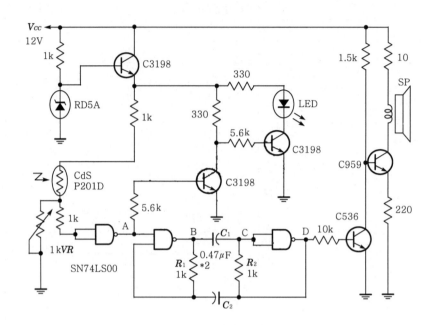

2) 회로 설명

이 회로는 CdS에 빛을 가하거나 차단하여 "A"점의 전압 레벨을 변화시켜서 LED를 점등 또는 소등시키며, "D"점의 비안정 멀티바이브레이터 출력 전압 레벨을 받아서 스피커를 구동시키는 회로이며, TTL NAND GATE를 사용한 비안정 멀티바이브레이터의 발진 주기 T는

$$T = T_1 + T_2$$
$$= 0.693(R_1 C_1 + R_2 C_2) \text{이다.}$$

3) 실험 방법

① 회로를 구성한다.

② CdS에 빛을 가했을 때 LED가 점등하고, 빛을 차단했을 때 경보음이 울리도록 1KVR을 조절한다.

③ CdS에 빛을 가했을 때와 차단하였을 때, A, B, C, D점의 비교 파형 및 전압을 측정한다.

〔표〕

실험 순서	측정값 및 계산값	
③	파형 및 V_{P-P} A점 B점 C점 D점	
④	$T =$	(s)

④ 발진 주기 T를 계산한다.

(4) 실험 결과 고찰

① 조도와 CdS의 저항값에는 어떠한 관계가 있는가?

② CdS를 이용한 응용 회로에는 무엇이 있는가?

③ NE555의 reset 단자가 V_{cc}에 연결되었을 때와 GND에 연결되었을 때의 동작을 고찰한다.

(5) 빛의 변화에 대한 램프의 ON-OFF 제어

① CdS로부터 제어 전압을 인출하는 회로를 아래 회로와 같이 구성하고 TR_4와 모터 대신에 SCR과 램프를 그림과 같이 연결하여 회로를 구성하여라.

② CdS의 창을 개방했을 때 램프의 상태를 관찰한 다음에, CdS 창을 손가락으로 서서히 가리면서 CdS의 저항 상승에 의해 SCR이 ON되어 램프가 켜지는 전압 V_U를 측정하고, CdS에서 서서히 손가락을 떼면서 CdS의 저항이 하강하여 SCR이 OFF되어 램프가 켜지는 전압 V_L를 측정하여라.

$V_U =$ (V) $V_L =$ (V)

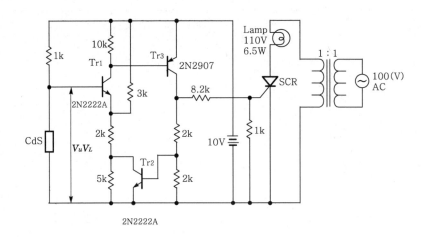

③ 램프를 ON시킨 상태에서 SCR의 애노드와 캐소드를 단락시켜 램프의 밝기를 비교하고 그 이유를 설명하여라.

▶ CdS(광도전) 소자(MPY/MKY/MPB₂/MKB 시리즈)의 정격

(25[℃])

형 명	특 징	인가 전압 (V_{dc})	허용 손실 (mW)	주위 온도 (℃)	최고 감도 파장 (mm)	암저항 (MΩ)	명저항 10(lx) (kΩ)	$\gamma 101$ 값
MPY-12C49	CdS	200	150	-30～+70	550	5	10～20	0.9
MPB2-12C49	CdS-CdSe	↑	↑	↑	600	↑	10～20	0.9
MPY-12C38P	dual element	150	50	↑	550	0.5	5～10	0.8
MPY-20C48	CdS	1000	500	↑	↑	1	10～20	0.8
MPY-20C59	↑	↑	↑	↑	↑	2	20～50	0.9
MPY-25C38	↑	500	↑	↑	↑	1	5～10	0.8
MPY-25C49	↑	↑	↑	↑	↑	2	10～20	0.9
MKY-4H37	↑	150	30	↑	↑	0.5	5～10	0.7
MPY-4H48	↑	↑	↑	↑	560	1	10～20	0.8
MPY-4H69	↑	200	40	↑	550	10	5～100	0.9
MPY-4H79	↑	↑	↑	↑	↑	20	100～200	0.9
MPY-4H48	CdS-CdSe	200	↑	↑	600	5	10～20	0.8
MPY-4H59	↑	↑	↑	↑	↑	10	20～50	0.9
MPY-4H38	CdSe	150	30	↑	680	50	5～10	0.8
MPY-7H26	CdS	↑	50	↑	560	0.1	2～5	0.6
MPY-7H38	↑	↑	↑	↑	↑	0.5	5～10	0.8
MPY-7H49	↑	↑	↑	↑	↑	1	10～20	0.9
MPY-7H38	CdSe	↑	↑	↑	680	100	5～10	0.8
MPY-7H69	↑	300	↑	↑	↑	400	50～100	0.9
MPY-12H28	CdS	200	200	↑	550	1	2～5	0.8
MPY-12H39	↑	↑	300	↑	↑	2	50～10	0.9
MPY-12H49	↑	300	↑	↑	↑	5	10～20	0.9
MPY-12H49	CdS-CdSe	150	180	↑	600	10	↑	0.9
MPY-25R38	CdS	500	500	-3～+60	550	1	5～10	0.8
MPY-25R49	↑	↑	↑	↑	↑	2	10～20	0.9

포토인터럽터

6-1 포토인터럽터의 관계 지식

(1) **포토인터럽터의 원리**

발광 소자와 수광 소자를 수지로 몰딩된 케이스 속에 장치한 소자이며, 투과형과 반사형의 2종류가 있다.

(2) 구조

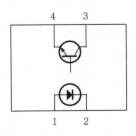

〈등가 회로〉

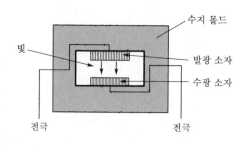

〈기본 구조〉

(3) 광전류-거리 특성

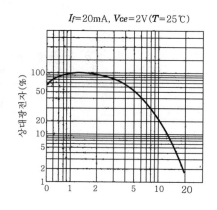

$I_f=20\text{mA},\ V_{ce}=2\text{V}\,(T=25\text{℃})$

(4) 특징

① 입·출력 사이는 전기적으로 절연되어 있기 때문에 전원 전압, 어스 전위 등은 서로 관계가 없다.

② 빛에 의한 단일 방향성이므로 출력에서 입력으로의 정보 전달이 되지 않는다.

③ 입·출력 임피던스를 독립적으로 설정할 수가 있다.

④ 임피던스가 크게 다른 인터페이스 회로간의 신호 전달에도 매우 좋다(TTL, C-MOS와 접속 가능).

⑤ 소형, 경량이며 신뢰성이 높다.

⑥ 고속 응답이다.(수십kHz)

⑦ 검출 거리가 길다(반사형 : 0.5 mm 정도, 투과형 : 0~1 km 정도).

⑧ 응답 속도가 빠르다(0.1~20 ms 정도).

⑨ 검출 정밀도가 높다(일반 광전 스위치 : 0.1 mm 정도, 이미지 센서 시스템 : 수 μm).

⑩ 무소음, 저소비 전력(0.5~1 W)

⑪ 자기 및 진동의 영향을 받지 않는다.

⑫ 단점

㉠ 렌즈면의 물이나 기름도 검출한다.

ⓒ 외란광에 주의할 필요가 있다(10만lx 이상이나 특수한 조건에서 주의).

6-2 포토인터럽터의 실험

① 목적 : 포토인터럽터에 의한 빛 스위치를 응용할 수 있다.

② 소요 재료

품명	규격	수량	품명	규격	수량
포토인터럽터	TLP 850	1	R	(1/4 W) 220, 470, 1k, 2.7 k, 3.9 k, 4.7 k, 22 k, 10 k	각 1
IC	SN74LS47 SN74LS90 μ A741 NE555	1	VR	반고정 1 M, 50 k	각 1
			C	0.1, 0.01, 0.02	각 1
TR	2SA562	1	버저	DC 3V용	1
표시기	FND507	1			
LED	적색, 소형	1			
SW	토글, 3P, 소형	1			

③ 실험 장비 : 아날로그 랩 유닛, 정밀 직류 전압계, 오실로스코프, 회로 시험기

④ 준비물 : 2×10 cm의 두꺼운 종이, 또는 아크릴 조각판

⑴ 트랜지스터의 컬렉터 출력 형식 회로 실험

1) 회로도

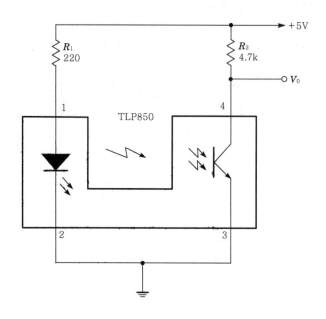

2) 회로 설명

포토인터럽터를 이용한 출력 형식에는 컬렉터 출력 형식과 이미터 출력 형식이 있는데,
회로 구성상 컬렉터 출력 형식이 출력 레벨에 있어서 다음 단과의 인터페이스가 여러 방법
으로 유리하다. 또, 이 회로의 응답 특성은 수십 kHz 정도에까지 미치기 때문에 모터의 회
전 센서로도 유리하다.

3) 실험 방법

① 그림의 회로를 구성하고, 정밀 전압계로 V_0를 측정한다.

② 슬릿 사이에 종이, 또는 조각판 등을 이용하여 차단한 후에 V_0를 측정한다.

③ V_0의 전압이 빛의 유무와 어떤 관계가 있는지 검토한다.

〔표〕

실험 순서	측정값 및 동작 상태
①	$V_0 =$ (V)
②	$V_0 =$ (V)
③	

⑵ 트랜지스터의 이미터 출력 형식 회로 실험

1) 회로도

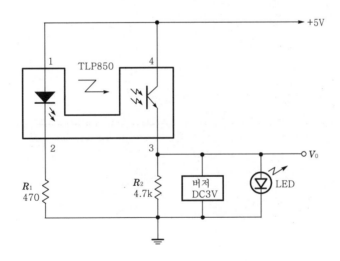

2) 회로 설명

본 회로는 이미터 출력 형식으로 되어 있다. 성능적으로 앞의 컬렉터 출력 형식과 별 차이는 없지만, 회로 구성상 전압 이용률이 다소 저하되고 입사광과 출력 신호가 같은 위상이며 GND를 기준으로 신호 출력을 끄집어낼 수 있다.

응답 주파수는 앞의 컬렉터 출력 형식과 거의 같으나 이것은 베이스 레벨이 정해져 있지 않으므로 완전한 이미터 폴로어로 되지 않기 때문이다.

3) 실험 방법

① 그림과 같이 회로를 구성하고, 전원을 가한다.

② 이미터 출력 저항 R_2의 양단에 걸리는 전압 V_0을 측정한다.

③ 포토인터럽터 사이의 슬롯에 종이 등을 삽입한 후 V_0를 측정한다.

④ 여기서의 결과와 (1)실험 회로의 실험 순서 2)의 결과를 비교하여 어떤 차이가 있는가 검토한다.

⑤ R_2와 병렬로 회로와 같이 버저와 적색 LED를 연결한 후 슬롯을 차단시켜 보자. 이 때의 버저와 LED의 동작을 관찰한다.

⑥ 전원을 OFF하고 정밀 전압계를 사용하여 저항 R_2에 흐르는 전류를 측정할 수 있도록 결선한다. 전원을 ON한 후 슬롯을 막았을 때의 전류와 막지 않았을 때의 전류를 각각 표에 기록한다.

〔표〕

실험 순서		측정값 및 동작 상태	
②		$V_0 =$	(V)
③		$V_0 =$	(V)
④			
⑤			
⑥	슬롯을 차단했을 때	$I =$	(mA)
	슬롯을 차단하지 않았을 때	$I =$	(mA)

⑶ 출력이 큰 포토인터럽터 회로 실험

1) 회로도

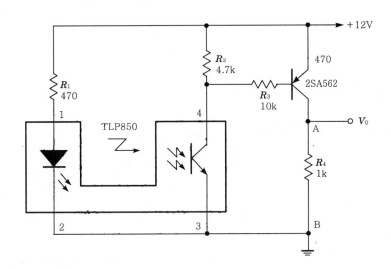

2) 회로 설명

본 회로는 컬렉터 출력 형식의 포토센서 회로에 pnp 트랜지스터를 추가한 것이고 이에 의해서 포토트랜지스터의 출력 전압을 증폭한다. 이 회로에서는 포토트랜지스터에 빛이 입사되면 출력 단자 V_0는 "H" 레벨로 된다. 즉, 앞의 2실험 회로인 이미터 출력 형식과 동일하게 취급할 수 있다.

또, 이 회로에서는 수십(mA) 정도의 소형 릴레이를 직접 구동할 수 있기 때문에 이용 가치가 높은 회로라고 할 수 있다.

3) 실험 방법

① 그림과 같이 트랜지스터를 사용하여 연결하고, 전원을 가한 후, 출력 전압 V_0를 측정한다.

② 포토인터럽터의 슬릿 사이를 종이 또는 아크릴로 차단했을 때 V_0를 측정한다.

③ A점을 분리하여 전류계를 연결한 후, 슬릿을 차단했을 때와 차단하지 않았을 때의 전류를 측정한다.

④ 여기서 측정한 전류값과 ⑵실험 6)에서 측정한 전류와 비교 검토한다.

⑤ 저항 R_4와 병렬로 버저와 적색 LED를 연결한 후, 슬릿을 차단해 가면서 버저와 LED의 동작을 관찰한다.

〔표〕

실험 순서		측정값 및 동작 상태	
①		$V_0 =$	(V)
②		$V_0 =$	(V)
③	슬릿을 차단했을 때	$I =$	(mA)
	슬릿을 차단하지 않았을 때	$I =$	(mA)
④			
⑤			

⑷ 포토인터럽터를 사용한 카운터 회로 실험

1) 회로도

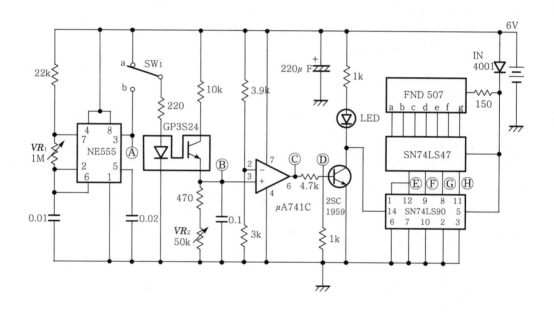

2) 회로 설명

① SW가 "a"에 있을 때 : B점의 전위가 높아지게 되면, OP-Amp 회로는 비교기로 동작하고 있으므로 반전 입력 단자의 전위보다 비반전 입력 단자의 전위가 높아지게 되어 C점은 $+V_{sat}$가 된다. 그러므로 트랜지스터가 동작하게 되고 LED는 "ON" 상태가 되며, SN74LS90의 10진 카운터는 "Low" 입력만을 받아서 카운터는 정지하게 된다.(이 때 VR_2는 SW-비접점시 B점의 전위가 OP-Amp의 반전 입력 전위보다 낮도록 조절되어 있어야 한다.)

② SW가 "b"에 있을 때 : NE555의 비안정 멀티바이브레이터에서 얻어지는 구형파를 포토

인터럽터가 받아서 B점의 전위를 "High"-"Low"로 만들며, 이에 의해 LED는 "ON"-"OFF"를 반복하게 되고, 따라서 10진 카운트를 계속하게 된다(이 때 VR_1 은 FND의 숫자를 육안으로 확인할 수 있도록 조절한다).

③ 포토 인터럽트의 발광부와 수광부를 차단하여 B점의 전위가 고정되고 카운터 입력 단자의 전위도 일정하게 되므로 카운트는 정지하고 FND의 숫자는 현재의 상태를 유지하고 있게 된다.

3) 실험 방법

① 회로를 제작하고 동작을 확인한다.

② 6V 전원의 총 전류를 측정한다.   [(mA)]

③ 측정점 A의 파형을 측정한다(전압〔 V_{p-p} 〕과 주기(ms)를 표시할 것).

④ 측정점 D의 전압을 기록한다.

　㉠ 3LED₁ 점등시 [(V)]

　㉡ LED₁ 소등시 [(V)]

⑤ 측정점 B 및 C의 파형을 기록한다.(단, 두 파형의 위상과 전압의 레벨이 비교될 수 있도록 표시할 것.)

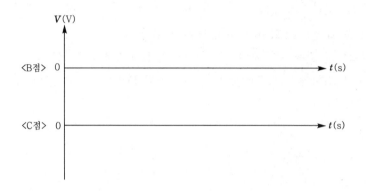

⑥ 측정점 E, F, G, H의 타이밍 차트를 기록한다.

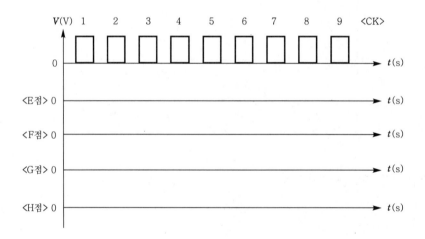

⑸ 실험 결과 고찰

① 컬렉터 출력 회로와 이미터 출력 회로의 차이점은?

② ⑴실험과 ⑵실험의 측정 전류를 비교하여 장단점을 비교한다.

③ 포토인터럽터의 실험 결과를 통해 구체적인 응용 분야와 방법은?

④ 포토인터럽터를 이용하여 응용시 주의할 점은?

▶ 포토인터럽터(EE-SX670/EE-SX470)의 정격

종류 형식 항목	표준형		L형		T형		밀착 취부형	
	EE- SX670	EE- SX670	EE- SX671	EE- SX471	EE- SX672	EE- SX472	EE- SX673	EE- SX473
전원 전압	DC 5~24(V)±10(%), 리플(p-p) 10(%) 이하							
소비 전류	35(mA) 이하							
정격 검출 거리	5(mm)							
검출 물체	불투명체 2×0.6(mm)							
응차 거리	0.025(mm)							
제어 출력	DC5~24V, 부하 전류 100 mA, 잔류전압(VCESAT) 0.8 V이하 TTL 구동시 : 부하 전류 40 mA, 잔류전압(VCESAT) 0.4 V 이하							
출력 상태 / 물체 비검출시 출력단 트랜지스터	OFF (ON)*1	ON	OFF (ON)*1	ON	OFF (ON)*1	ON	OFF (ON)*1	ON
출력 상태 / 물체 검출시 출력단 트랜지스터	ON (OFF)*1	OFF	ON (OFF)*1	OFF	ON (OFF)*1	OFF	ON (OFF)*1	OFF
표시등*3 / 물체 비검출시	점등							
표시등*3 / 물체 검출시	소등							
응답 주파수	1kHz(응답주파수 0~1 kHz는 보증치, 평균치는 3 kHz)							
접속 방식	전용 커넥터형EE-1001, 형EE-1006 및 납땜용							
보호 구조	IP50							
사용 주위 조도 *2	형광등 1000 lx							
발광 다이오드	GaAs 적외 발광 다이오드(피크 발광 파장 940 nm)							
수광 소자	Si 포토트랜지스터(최대 감도 파장 850 nm)							
사용 주위 온도	동작 : -10~+55(℃)(보존시 : -25~+80(℃))							
사용 주위 습도	동작 : 45~85(%) RH(QHWHSTL : 35~95(%)RH)							

*1. ( ) 안은 Light ON일 때(Leks자와 +단자를 단락시켰을 때)의 동작 방식, 표시 등의 상태를 표시.

*2. 사용 주위 조도는 수광면에 직접 닿았을 경우의 값임.

*3. GaP 적색 LED(피크 발광 파장 690 nm).

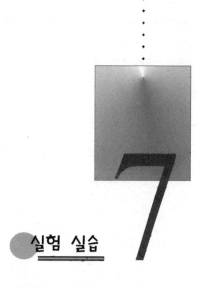

홀 센서

7-1 홀 센서의 관계 지식

(1) 홀 효과

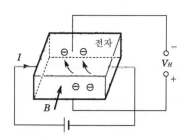

〈금속 또는 N형 반도체〉

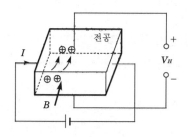

〈P형 반도체〉

① 금속 또는 반도체에 위 그림과 같이 전류 I를 흘리고 이와 직각으로 자속 밀도 B의 자장을 가하면 I와 B의 양자에 직각 방향으로 기전력이 발생하는 현상을 말하며, 발생한 전압을 홀 전압 V_H라고 한다.

㉠ 홀 전압 $V_H = R_H \dfrac{I \cdot B}{d}$

　단, 　d : 소자의 두께

　　　　R_H : 홀 상수 또는 홀 계수

㉡ 홀 상수 $R_H = -\dfrac{1}{ne}$ (ne : 전자 농도)

② 전자의 이동도 이 정공의 이동도 보다 크기 때문에 일반적으로 N형 반도체가 많이 사용된다.

(2) 로렌츠(Lorentz)의 힘

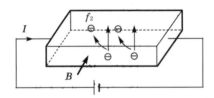

〈전류와 자장의 작용〉

위 그림과 같이 전자가 자속 밀도 B의 자장 중을, 이것과 직각 방향의 속도 v로 운동하고 있을 때 전자에 작용하는 힘 f_2는 다음과 같이 표시되며,

$$f_2 = qv \times B$$

이 힘은 전류와 자장의 작용에 의해 생기는 힘으로, 로렌츠의 힘이라고 한다.

(3) N형 반도체의 홀 효과

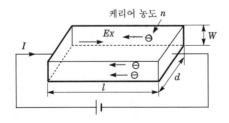

〈a : 자장이 없는 경우〉

① 위 그림 a와 같이 자장이 가해지지 않은 경우, 다수 캐리어인 전자는 전장에 의한 힘으로 전장과 반대 방향으로 운동하고, 전류의 방향은 전장과 같은 방향이 된다.

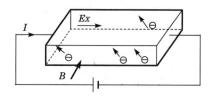

〈b : 자장을 인가한 순간〉

② 위 그림과 같이 반도체에 전장의 방향과 수직으로 자장 B를 가하면 전자는 로렌츠의 힘을 받아 위쪽으로 이동한다. 따라서 위쪽이 음(−)으로, 아래쪽이 양(+)으로 대전하여 홀 전압이 나타난다.

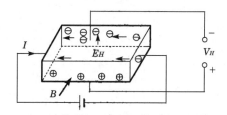

〈c : 자장을 인가한 후의 안정 상태〉

③ 위 그림 c와 같이 전장과 자장의 양자가 가해진 정상 상태에서는 로렌츠의 힘과 홀 전장에 의한 힘이 상쇄되어 전자가 직진하고, 그림 a와 같아진다.

⑷ 전류 자기 효과를 이용한 센서의 종류

효과 및 작용	종 류
자기 작용	리드 릴레이
전류 자기 효과	홀 소자, 홀 IC, 자기 저항 소자
자기·빛	자기 레이터
자기·열	서모스탯 온도 릴레이

⑸ 홀 소자

① 개요

㉠ 홀 전압과 적감도(積感道) K_H의 관계 : $V_H = K_H IB$

㉡ 홀 계수 : $K_H = f_H \dfrac{R_H}{d}$

㉢ 실제의 홀 소자의 구조는 f_H가 1에 가깝고 또한 자장의 의존성이 적은 아래 그림과 같은 형이 많이 사용되고 있다.

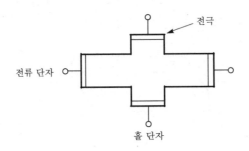

〈홀 소자의 전극 구조〉

② 홀 소자 재료의 특성

구　　　분	금지대의 폭(eV)	전자의 이동도 (cm^2/V·s)	홀 계수 (cm^3/C)	저항률 (Ω·cm)
GaAS	1.40	8,500	6,250	0.78
InAs	0.36	33,000	115	0.005
InSb	0.17	78,000	380	0.005
Ge	0.66	3,900	4,250	1.2
Si	1.11	1,900	2,100	1.5

(6) 홀 IC

① 홀 IC는 Si 홀 소자와 신호 처리 회로를 모놀리식화 하여 1개의 칩 위에 집적한 자기 센서이다.

② 홀 IC를 분류하면 그림과 같이 리니어 타입과 스위치 타입의 두 가지가 있다.

　㉠ 리니어 타입은 홀 소자와 마찬가지로 홀 전압을 증폭한 것으로 100 G 정도의 자장에서 전압이 발생한다. 홀 소자에 비해 불평형 전압이 크고, 자장 측정 범위가 수kg 까지로 좁고 또 자장 비례성이 나쁜 등의 결점이 있지만 출력 전압이 크며 회로가 간단하게 된다.

　㉡ 스위치 타입은 슈미트 트리거 회로를 내장하여 자장의 크기를 검출해서 ON-OFF하는 것이다.

③ 홀 IC는 리니어 타입이, 홀 모터(DD 모터)나 전류계(대전류) 등에 스위치 타입이 무접점 스위치 등에 사용되고 있다.

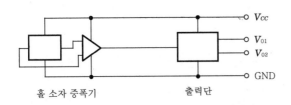 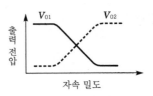

홀 소자 증폭기   출력단

〈리니어 타입〉

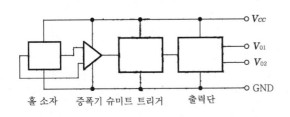 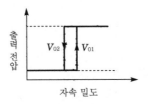

홀 소자   증폭기 슈미트 트리거   출력단

〈스위치 타입〉

7-2 홀 센서의 실험

① 목적 : 홀 센서와 자석을 이용하여 기전력을 얻을 수 있다.

② 소요 재료

품 명	규 격	수량	품 명	규 격	수 량
홀 소자	HW 200A	1	LED	적색, 소형	1
홀 IC	DN6838	1	R	(1/4 W) 470, 1 k, 4.7 k	각 1
IC	μA741C	1		(1/4 W) 10 k, 100 k	각 2
버저	DC 3V용	1	배선	3색 단선, ϕ0.5	1 m

③ 실험 장비 : 아날로그 랩 유닛, 정밀 직류 전압계, 회로 시험기, 전원 공급기

④ 준비물 : 막대 자석, 영구 자석 등

(1) 홀 소자의 기본 회로 실험

1) 회로도

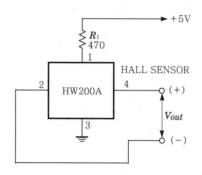

2) 실험 방법

① 홀 소자는 반도체 소자로 소형이기 때문에 아날로그 랩 유닛에 직접 삽입이 불가능하므로 홀 소자 HW200A를 8pin IC 소켓에 리드선을 이용하여 납땜 연결한 후 회로를 구성한다.

② 전원을 가한 후, 홀 소자 HW-200A의 출력 단자인 2번과 4번 핀의 전압 V_0를 측정한다.

③ 막대 자석의 N극 HW-200A의 C라고 표시되어 있는 위치에 약 2 mm 정도로 근접시켰을 때의 출력 전압 V_0를 측정한다.

④ 막대 자석의 S극을 이용하여 ③의 순서를 실행했을 때의 출력 전압 V_0를 측정한다.

⑤ R_1 저항을 4.7 k로 변경하였을 때 ③, ④ 순서를 반복하여 표에 기록한다.

〔표〕

실험 순서	측 정 값	
②	$V_0 =$	(mV)
③	$V_0 =$	(mV)
④	$V_0 =$	(mV)
⑤	N극시 $V_0 =$	(mV)
	S극시 $V_0 =$	(mV)

⑵ 홀 소자와 OP-Amp를 사용한 LED 및 부하 구동 회로실험

1) 회로도

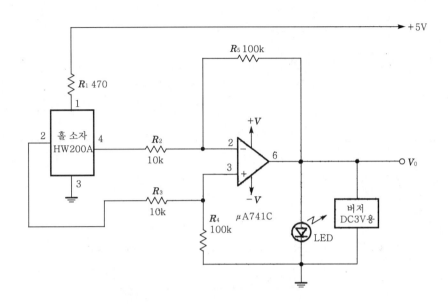

2) 회로 설명

본 회로는 OP 앰프를 사용한 증폭 회로이며, 홀 소자의 양 출력 단자에 차동 앰프의 입력 단자를 접속하고 있다. 이 때문에 2=4일 경우, OP 앰프의 출력 단자에 신호 출력이 나타나지 않고, 2>4 또는 2<4일 때 차동 신호로 되어 큰 직사각형파 출력으로 된다.

여기에서는 직사각형파 출력으로 되지만 궤환 저항 R_f를 작게 함으로써 출력 신호의 미소 조정이 가능하게 된다. 그런데 이런 종류의 회로는 큰 전압 이득을 갖고 있기 때문에 출력 전압이 미약한 갈륨 비소(Ga-As) 타입의 홀 소자를 사용할 수 있다.

3) 실험 방법

① 그림과 같이 홀 소자 HW200A와 OP Amp μA741C를 **이용**하여 회로를 구성한다.

② 전원을 가하고 V_0를 측정한다.

③ 막대 자석의 S극을 HW200A의 C문자가 표시된 곳에 약 **2 mm** 정도로 근접시켰을 때의 V_0를 측정하고, 버저와 LED의 동작을 관찰한다.

④ 실험 ③의 과정 후 막대 자석을 천천히 홀 소자에서 멀리해 보자. 또 가까이 해 보자. 이때 LED와 버저의 동작을 관찰한다.

⑤ 막대 자석의 N극을 이용하여 실험 과정 ③을 반복한 후 그 결과를 표에 기록한다.

〔표〕

실험 순서	측정값 및 동작 상태	
②	$V_0 =$	(V)
③	$V_0 =$	(V)
	버저와 LED 상태 :	
④	멀리하였을 때 버저와 LED 상태 :	
	가까이 하였을 때 버저와 LED 상태 :	
⑤	$V_0 =$	(V)
	버저와 LED 상태 :	

(3) 홀 IC를 이용한 회로 실험

1) 회로도

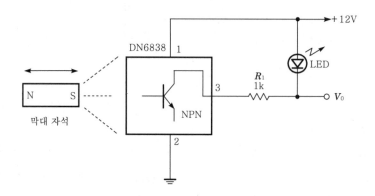

2) 회로 설명

본 회로는 홀 IC의 간단한 응용 회로이다. 여기에서는 홀 IC : PST-525를 사용하여 그 출력에 의해 발광 다이오드를 점멸하고 있다. 여기에 사용되고 있는 홀 IC는 npn 오픈 컬렉터 출력으로 되기 때문에 LED를 전원의 플러스 (+)측에 접속한다. 또, 발광 다이오드의 휘도(輝度)를 올리기 위해서는 I_F를 증가시키면 되지만 홀 IC의 정격에서 mA 정도가 한도이다. 따라서, 이 이상의 구동 전류를 필요로 하는 경우는 구동용 트랜지스터를 보완하여야 한다.

3) 실험 방법

① 그림과 같이 홀 IC DN6838을 이용하여 회로를 구성한 후 전원을 가한다. 이때의 출력 전압 V_0 를 측정하고, LED의 상태를 확인하라.

② 막대 자석을 N극으로 하여 DN6838의 마크가 표시된 반대쪽에 2 mm 정도 가까이 하였을 때의 출력 전압 V_0 를 측정하고, LED의 상태를 확인하라.

③ 자속 밀도가 큰 다른 자석을 이용하여 ②의 과정을 반복한다. 이 때의 LED의 동작을 관찰한다.

〔표〕

실험 순서	측정값 및 동작 상태	
①	$V_0 =$　　　　　(mV)	LED :
②	$V_0 =$　　　　　(mV)	LED :
③	$V_0 =$　　　　　(V)	
	LED의 상태 :	

(4) 실험 결과 고찰

① (1) 실험의 결과를 보았을 때 홀 소자의 출력 전압 크기에 직접 영향을 주는 요소는 무엇인가?

② 홀 소자에 N극, S극을 바꾸었을 때 출력 전압이 어떻게 달라지는가?

③ 홀 IC의 장점은 홀 소자에 비해 어떤 것이 있는가?

④ 홀 소자 및 홀 IC의 사용상 주의할 점은 무엇인가?

⑤ 홀 소자와 홀 IC의 응용 분야는?

▶ 홀 소자(HE101AA)의 정격

① 외형

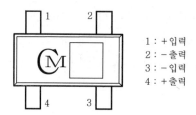

1 : + 입력
2 : − 출력
3 : − 입력
4 : + 출력

② 최대 정격

항 목	기 호	정 격
제어 전압(V)	V_c	12
허용 전압(mV)	P_D	105
동작 주위 온도(℃)	T_{opr}	−55～+125
보존 온도(℃)	T_{stg}	−55～+150

③ 전기적 특성

항 목	기호	min	typ	max	측정조건
무부하 홀 전압 1 (mV)	V_{H1}	110	140	170	$V_c=6\,V,\ B=1\,kg$
무부하 홀 전압 2 (mV)	V_{H2}	25	30	35	$I_c=1\,mA,\ B=1\,kg$
불평형률(%)	V_{HO}/V_H	−10	−	+10	$V_c=6\,V,\ B=0\,kg\ \&$ $B=1\,kg$
입력 저항(Ω)	R_{in}	1,000	1,200	1,400	$I_c=1\,mA,\ B=0\,kg$
출력 저항(Ω)	R_{out}	1,000	1,200	1,400	$I_c=1\,mA,\ B=0\,kg$
홀 전압 온도계수 (%/℃)	V_{HT}	−	−	−0.06	$I_c=1\,mA,\ B=1\,kg$
홀 전압 직선성 (%)	ΔK	−	−	2	$I_c=1\,mA,\ B=1\,kg,$ $5\,kg$
입력 저항 온도계수 (%/℃)	R_r	−	−	0.3	$I_c=1\,mA,\ B=0\,kg$

▶ 홀 소자(HW-300B)의 정격

① 외형

```
1 : +입력
2 : +출력
3 : -입력
4 : -출력
```

② 최대 정격

항 목	기호	측 정 조 건	정 격	단 위
최대 입력 전류	I_c	40℃ 정전류 구동	20	mA
최대 입력 전압	V_{in}	40℃ 정전압 구동	2.0	V
동작 온도			$-20 \sim 100$	℃
보존 온도			$-40 \sim 110$	℃

③ 전기적 특성(측정 온도 : 25℃)

새 랭크 표시	홀 출력 전압 V_H(mV)	홀 출력 전압의 자계 강도에 비례한 자장의 강도
A	$122 \sim 150$	$I_c = 5\,mA$
B	$144 \sim 174$	$800\,g$
C	$168 \sim 204$	$I_c = 5\,mA$
D	$196 \sim 236$	$500\,g$
E	$228 \sim 274$	

④ 홀 출력전압 구분과 랭크 표시

항목	기호	측정조건	최소값	최대값	단위
홀 출력 전압	V_H	정전압 구동 $B = 500g,\ V_{in} = 1\,V$	122	274	mV
입력 저항	R_{in}	$B = 0g,\ I_c = 0.1\,mA$	240	550	Ω
출력 저항	R_{out}	$B = 0g,\ I_c = 0.1\,mA$	240	550	Ω
불평형 전압	V_u	$B = 0g,\ V_{in} = 0.1\,mA$	-7	7	mV
출력 전압의 온도 계수	α_{IH}	20℃ 기준 0~40℃ 간의 평균 $B = 500\,g,\ I_c = 5.0\,mA$		-2	%/℃
입력 저항의 온도 계수	α_R	20℃ 기준 0~40℃ 간의 평균 $B = 0\,g,\ I_c = 0.1\,mA$		-2	%/℃
절연 저항		100 V DC	1.0		MΩ

▶ 홀 소자(HE101AA)의 정격

① 외형

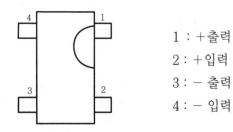

1 : ＋출력
2 : ＋입력
3 : － 출력
4 : － 입력

② 최대 정격

item	symbol	rating	unit
제어 전압	V_c	12	V
허용 손실	P_D	150	mW
동작 주위 온도	T_{OPR}	$-55 \sim +125$	℃
보존 온도	T_{STG}	$-55 \sim +125$	℃

③ 전기적 특성(T_a : 25[℃]）

item	symbol	condition	min	typ	max	unit
무부하 홀 전압	V_H	$V_c=6\,V,\ B=1\,kg$	250			mV
불평형 전압	V_{HO}	$V_c=6\,V,\ B=0\,kg$			± 40	mV
입력 전압	R_{in}	$I_c=6\,mA,\ B=0$	500	750		Ω
출력 전압	R_{out}	$I_c=1\,mA,\ B=0$			5000	Ω
홀 전압 온도계수	β	$I_c=6\,mA,\ B=1\,kg$		-0.06		%/℃
입력전압 온도계수	α	$I_c=1\,mA,\ B=0$			0.3	%/℃
홀 전압 직선성	γ	$I_c=6\,mA,\ B=0.5\,kg,\ 1\,kg$			2	%

▶ 홀 IC(스위칭 타입)의 정격

① 내부 구성도

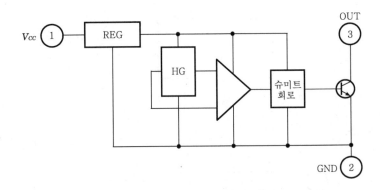

② 자속 밀도 특성

| 형 명 | 자 속 밀 도 | | | | 동작 온도 범위(℃) |
| | ON 동작 자속 | | OFF 동작 자속 | | |
	max	typ	typ	min	
UGN-3013L	450	300	225	25	20 to +85
UGS-3013L	450	300	225	25	−40 to +125
UGN-3019L	500	420	300	100	−20 to +85
UGS-3019L	500	420	300	100	−40 to +125
UGN-3020L	350	220	165	50	−20 to +85
UGS-3020L	350	220	165	50	−40 to +125
UGN-3030L	250	160	110	−250	−20 to +85
UGS-3030L	250	160	110	−250	−40 to +125
UGN-3040L	200	150	100	50	−20 to +85
UGS-3040L	200	150	100	50	−40 to +125
UGN-3075L	250	100	−100	−250	−20 to +85
UGS-3075L	250	100	−100	−250	−40 to +125
UGN-3076L	350	100	−100	−350	−20 to +85
UGS-3076L	350	100	−100	−350	−40 to +125

▶ 홀 IC(리니어 타입)의 정격

① 외형

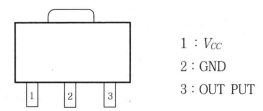

1 : V_{CC}
2 : GND
3 : OUT PUT

② 내부 구성도

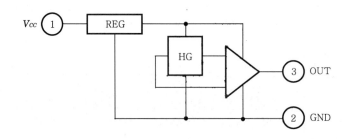

③ 일반 특성

형 명	공급 전압 범위(V)	자기 감도		동작 온도 범위(℃)
		min	typ	
UGN 3501L	8.0 to 16	0.35	0.7	−20 to +85
UGN 3503L	4.5 to 6.0	0.75	1.3	−20 to +85
UGN 3505L	5.0 to 12	−	10	−20 to +85

④ 주요 특성

형 명	동작 전원 전압 V_{cc}(V)	동작 주위 온도 T_{opr}(℃)	동작 자속 밀도	출력 전류(mA)	출력
DN 6847	4.5~16	−40~+100	±175	20	TTL MOS IC
DN 8897	4.5~16	−40~+100	±175	20	TTL MOS IC 제로 크로TM
DN 6849	4.5~16	−40~+100	±175	20	TTL MOS IC 오픈 컬렉터
DN 8899	4.5~16	−40~+100	±150	20	TTL MOS IC 오픈 컬렉터, 제로 크로스
DN 6848	4.5~16	−40~+100	1~220	20	TTL MOS IC 오픈 컬렉터

▶ 홀 IC(EW-551)의 정격

① 외형

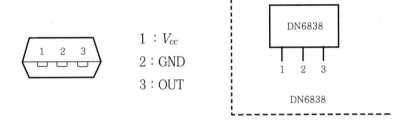

1 : V_{cc}
2 : GND
3 : OUT

② 내부 구성도

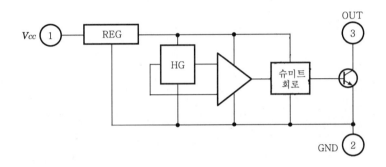

③ 일반 특성

item	symbol	rating	unit
전원 전압	V_{cc}	18	V
출력 개방 전압	$V_{D(OFF)}$	18	V
출력 유입 전류	I_{SMK}	15	mA
동작 주위 온도	T_A	$0 \sim 70$	℃
보존 온도	T_S	$-40 \sim 140$	℃

④ 전기적 특성(V_{cc} : 5~12(V) DC, T_a : 25(℃))

항 목	기호	측 정 조 건	최소	표준	최대	단위
출력 H→L 자속밀도	B_{OR}				110	gauss
출력 H→L 자속밀도	B_{RP}		50			gauss
히스테리시스폭	B_H		15			gauss
출력 포화 전압	V_{SAT}	$B \leq 110$ gauss, ISMK=10 mA			0.4	V
출력 누설 전류	I_{LO}	$B \geq 50$ gauss, VD=12 V			1.0	μA
전원 전류	I_{cc}	V_{cc}=12 V, 출력 H		6	8	mA
응답 시간	t_R	RL=51 kΩ		2		μA

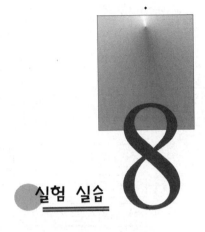

초전 센서

8-1 적외선 센서의 관계 지식

(1) 적외선 센서의 검출 원리

인간의 눈이 느낄 수 있는 소위 가시광의 장파장 한계는 약 0.76 μm이다. 이것보다 긴 파장을 적외선이라 부르고 있다. 또 긴 쪽에서는 보통 1 mm 정도의 파장까지의 적외선의 범위에 포함하는 경우가 많다. 따라서 적외선은 대단히 넓은 파장 범위에 걸쳐 있게 되어 사용되는 센싱 기구도 여러 가지이다. 파장 1 μm까지는 가시광의 연장선상으로서 실리콘 디바이스나 광전관형의 디바이스가 이용되는 일이 많으며 센싱 기구에 관하여 적외선의 특성이 나타나는 것은 파장 1 μm 이상이다. 실리콘의 포토 다이오드가 만능적인 역할을 하는 파장 1 μm 이하의 영역과 달리, 모든 원리나 재료를 동원하여 목적이나 파장에 따른 센싱이 연구되어 있는 것이 적외선 센싱의 특징이다.

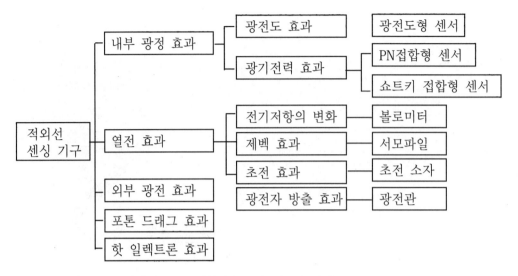

〈적외선 센싱 기구의 정리〉

① 내부 광전 효과(internal photoelectric effect) : 파장이 길기 때문에 대상이 되는 에너지폭이 작게 되는 점을 제외하면 원리는 광 센싱과 같다. 필요한 에너지폭에 따른 재료를 선택할 필요가 있다. 적외선 영역에서도 고감도의 센싱에는 내부 광전 효과를 이용한 양자형의 검출이 가장 유효하다. 그러나 검출 소자의 냉각이 불가결하게 된다. 에너지폭이 작아지면 열에너지에 의한 들뜸 현상이 포톤에 의한 현상에 가해지는 것을 막기 위해서이다. 동작 온도는 요구하는 감도나 파장대에 따라 다르다.

② 외부 광전 효과(external photoelectric effect) : 광전면의 선택에 의해 파장 1 μm를 넘는 영역에서도 외부 광전 효과는 원리적으로는 이용이 가능하다. 그러나 진공관이기 때문에 내부 광전 효과를 이용한 고체 소자에 비하여 냉각이 곤란하며 실제의 이용은 파장 1 μm에 가까운 영역에서 또한 초고감도를 필요로 하는 등의 특수한 용도에 한정된다.

③ 열전 효과(thermoelectric effect) : 물질에 의해 흡수된 적외선에 의해 그 물질의 온도가 상승하고 그 결과 일어나는 여러 가지 열전 효과를 이용하여 적외선을 센싱할 수 있다. 이용되는 열전 효과로서는 전기 저항의 변화, 열기전력의 발생, 초전 효과 등이 있다.

　전기 저항의 변화를 이용한 적외선 센서는 볼로미터(bolometer)라고 하며 서미스터나 Pt, Au, Ni 등의 금속 박막의 전기 저항의 온도 의존성을 이용한다.

　적외선 흡수에 의한 열전쌍의 온접점(溫接點)의 온도 상승에 따른 열기 전력을 이용할 수도 있다. 열기전력은 작으므로 다수의 열전쌍을 직렬로 접속한 구조가 열전퇴(thermopile)로서 사용되는 일이 많다.

　초전 효과(pyroelectric effect)는 자발 분극의 온도 의존성에 의해 온도변화가 있으며 표면 전하가 생기는 현상이다.

온도 변화 ΔT에 의해 정전 용량 C의 양단에 발생한 표면 전하 ΔQ에 의한 전압 $\Delta V = \Delta Q/C$를 측정한다. ΔQ는 자발 분극의 변화 ΔP_s와 같다. 초전 효과는 온도 변화에 대응하여 나타나기 때문에 적외선 입사량의 교류 성분이 측정된다. 이 때문에 입사 적외선을 기계적인 초퍼를 사용하여 단속시킬 필요가 있다.

④ 포톤 드래그 효과(photon drag effect) : 반도체 내의 캐리어가 포톤이 가지는 운동량에 의해 끌려서 기전력을 유기하는 현상이다. 응답 속도가 10^{-10}s 이하로 매우 빠른 것이 특징이며 실온에서 동작하는 초고속 응답의 적외선 검출에 이용된다.

⑤ 핫 일렉트론 효과(hot electron effect) : 결정 격자의 온도보다도 높은 온도의 전자를 핫 일렉트론이라고 부르고 있다. 고전기장에 의해서나 포톤의 조사에 의해서도 이 상태가 될 수 있다. 전자 이동도는 전자 온도에 의존하므로 포톤의 조사에 의해 전기 저항이 변화한다.

이 저항 변화를 이용하면 포톤을 검출할 수 있다. 밴드폭과 관계 없이 전도대 내의 현상이므로 정파장의 적외선에도 이용되고 있다.

(2) 적외선 센서의 종류

적외선 센서는 넓은 파장대를 커버하기 때문에 많은 종류의 것이 사용되고 있다. 사용하는 파장대나 사용 목적에 따라 적당한 검출 원리나 재료가 선택되고 있는 것이 실정이다. 원리적으로는 가능한 것을 포함하면 매우 많은 적외선 센서가 존재한다. 여기에서는 실제로 사용되고 있는 것만을 다루며 재료 또는 원리별로 분류하여 각각의 특징을 설명하기로 한다.

① Ge 적외선 센서 : Si와 같은 원소 반도체의 Ge를 사용한 적외선 센서이다. Si의 경우보다 사용 가능 파장은 길고 피크 감도의 파장은 약 1.5 μm, 컷오프 파장은 1.9 μm가까이까지 늘어난다. pn 접합형의 포토 다이오드가 사용되고 있다. 실온에서 사용 가능하지만 냉각하면 감도는 향상한다. 애벌란시형의 포토 다이오드를 사용하면 나노초 정도의 고속 응답을 한다.

② PbS 적외선 센서 : 진공 증착이나 화학 용융법 등의 방법으로 제작된 다결정 박막의 광전도 효과를 이용한 PC형의 적외선 센서이다. 실온에서 파장 3 μm까지, 저온으로 하면 4.5 μm 정도까지 파장 특성을 늘릴 수 있다. 응답 속도가 수백 μs로서 느린 것이 결점이다.

③ PbSe 적외선 센서 : PbS와 마찬가지 방법으로 제작된다. 사용 파장은 PbS보다도 더욱 길어 5 μm 정도까지 늘릴 수 있다.

④ InAs 적외선 센서 : 인듐과 비소의 화합물 InAs를 사용한 적외선 센서이다. pn 접합형의 포토다이오드로서 이용되고 있다. 196K(드라이아이스 온도) 또는 77 K로 냉각하여 사용된다. 3.5 μm정도의 파장까지 감도가 있다.

⑤ InSb 적외선 센서 : 인듐과 안티몬의 화합물인 InSb를 사용한 적외선 센서이다. 1~5 μm 파장역을 커버하는 대표적인 센서이다. PV형, PC형 어느 것이나 사용이 가능하지만 양호

한 pn 접합이 제작되기 때문에 pn 접합형의 포토다이오드로서 사용되는 일이 많다. 5.4 μm까지 감도가 있다. 보통 80K 이하의 온도에서 사용되지만 110K까지의 온도에서도 사용이 가능하다.

⑥ HgCdTe 적외선 센서 : 주기율표 Ⅱ-Ⅵ족 화합물인 HgTe와 CdTe의 혼성 결정인 HgCdTe를 소재로서 사용한 적외선 센서이다. 임의의 비율로 혼합할 수 있으며 혼성 결정비에 의해 밴드폭을 제어할 수 있다. CdTe를 20 %, HdTe를 80% 포함한 것은 14 μm까지 감도가 있으며 가장 많이 사용되고 있다.

CdTe를 30 % 포함한 것은 3~5 μm의 파장대에 적합한 밴드폭이 된다. PC형으로 사용되는 일이 많다.

⑦ PbSnTe 적외선 센서 : 주기율표의 Ⅳ-Ⅵ족 화합물인 PbTe와 SnTe의 혼성 결정인 PbSnTe를 소재로 사용한 적외선 센서이다. 혼합 비율을 바꿈으로써 밴드폭을 바꿀 수 있다. 불순물량을 적게 하는 것이 곤란하기 때문에 저항값을 크게 할 수 없고 PC형으로 사용하는 것은 현실성이 없다. 한편, pn 접합이 제작 가능하기 때문에 PV형으로 사용된다.

⑧ 쇼트키 접합 적외선 센서 : 보통 Si와 금속의 쇼트키 접합이 이용된다. Si의 밴드폭에서 오는 장파장 한계를 늘릴 수 있기 때문이다. 80K 이하의 온도에서 사용할 수 있는 백금 실리사이드와 실리콘의 쇼트키 접합이 대표적이다. 컷오프 파장은 5 μm 정도인데 3 μm를 넘으면 급속히 감도가 저하한다. 양자 효율이 낮은 것이 결점이지만 실리콘 가공 기술이 이용되는 특징을 살려서 적외 이미지 센서로서의 용도가 있다.

⑨ 외인성 적외선 센서 : Ge나 Si에 불순물을 대량으로 첨가하여 불순물 준위와 전도대 또는 가전자대 사이의 에너지 갭을 이용하여 적외선을 검출하는 센서이다. PC형으로 사용된다, 첨가하는 불순물의 종류에 따라 컷오프 파장이 다르다. 불순물 준위의 빛의 흡수를 이용하고 있기 때문에 흡수 계수가 작아 감도를 높이려면 소자를 두껍게 할 필요가 있다. 또 동작 온도가 낮다는 결점도 있다. Si 외인성형의 적외선 센서는 파장 5~30 μm의 영역에서 가장 고감도 센서이다.

⑩ 초전형 적외선 센서 : 열전 효과의 일종인 초전 효과를 이용하고 있다. 실온에서 사용이 가능한 값싼 적외선 센서로서 가장 많이 이용되고 있다. 많은 초전 재료가 있으나 $LiTaO_3$와 $PbTiO_3$가 일반적으로 사용되고 있다. 파장 특성은 없으나 사용하는 창 재료에 따라 영역이 정해진다. 감도는 냉각형의 고성능 반도체 센서에 비하면 2자릿수 이상 낮다.

8-2 적외선 센서의 실험

① 목적 : 적외선을 검출하여 전압증폭을 시킬 수 있다.

② 소요 재료

품 명	규 격	수량	품 명	규 격	수량
적외선 센서	IRA-E001S	1	기판	IC용 28×62호	1
IC	μA741C	2	D	1S 953×2, 1S1585	각 1
IC 소켓	8핀	3	C	1 μF 25 V, 10 μF 25 V, 22 μF 25 V, 33 μF 25 V, 47 μF 25 V×3, 0.01 μ	각 1
TR	2SC3198	2			
버저	DC 3V용	1	R	(1/4 W)15Ω, 100Ω, 240, 1 k, 2 k, 3.3 k, 4.7 k, 8.2 k, 10 k×4, 15 k, 390 k	각 1
VR	반고정 500 k	1			
LED	적색, 소형	1			

③ 실험 장비 : 오실로스코프, 아날로그 랩 유닛, 정밀 전압계, 회로 시험기, 전원 공급기

(1) 초전형 적외선 센서에 의한 인체 검지 회로 실험

1) 회로도

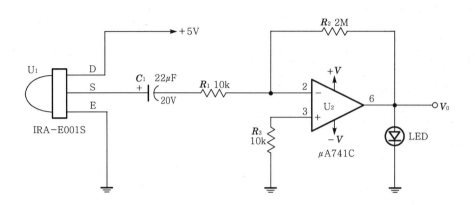

2) 회로 설명

본 회로는 초전형 적외선 센서를 이용한 인체 또는 동물 등의 검지 회로이다, 여기에서는 초전 센서 : IRA-E001S를 사용하여 인체의 이동에 의해 발생하는 교류적인 변화 전압을 끌어내고 있다. 회로 구성은 매우 간단하지만 이 종류의 센서는 FET에 의한 임피던스 변환부가 내장되어 있기 때문에 외부 회로부의 구성이 간략화되어 있다. 여기에서 사용하고 있는 OP 앰프는 특별히 한정하고 있지는 않으나 저잡음용이면 문제가 없다.

〈형명〉 IRA - E 001 S X □
         ①   ② ③ ④ ⑤ ⑥

① 형식 : 적외선 센서를 나타냄.   ② 형상 : 외관 형상을 나타냄.
③ 시방 번호를 나타냄.   ④ 창 재료를 나타냄.
⑤ 창 재료의 투과 특성이 지정될 경우에만 기호 추가.
⑥ 기타

3) 실험 방법

① 그림과 같이 회로를 구성한다.

② 정밀 전압계를 이용하여 적외선 센서 위에 인체가 없을 경우의 출력 전압을 측정한다.

③ 적외선 센서 위를 손을 휘저었을 때의 출력 전압 V_0를 측정한다. 이때 LED의 동작을 관찰한다.

④ 초전 센서 위에 일정한 높이로 손을 움직이지 않고 있을 때와 손을 휘저었을 때 LED의 동작을 관찰한다.

⑤ 오실로스코프를 1 Volts/Div, 1 ms/Div로 하고 회로의 출력 단자에 프로브를 연결하여 실험 방법 ④를 수행하면서 파형을 관찰한다.

〔표〕

실험순서	측정값 및 동작 상태
②	$V_0 =$ (mV)
③	$V_0 =$ (mV) LED 동작 상태 :
④	손을 고정하고 있을 때 : 손을 움직일 때 :
⑤	손을 고정하고 있을 때 : 손을 휘저을 때 :

⑵ 인체가 검지되면 버저가 울리는 회로 실험

1) 회로도

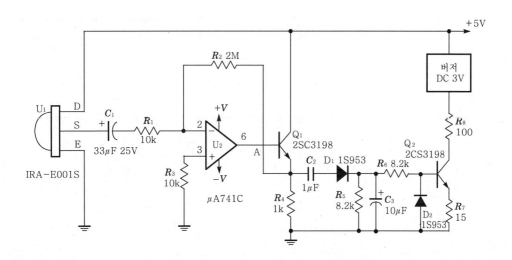

2) 회로 설명

본 회로를 인체의 움직임이 검지되면 압전 버저가 울리도록 구성되어 있다. 센서 출력을 AC 앰프로 적절하게 증폭하고 다시 정류 회로를 통해 npn 트랜지스터를 DC 드라이브하고 있다. 이 때문에 Tr_2를 드라이브하는 센서가 신호가 있으면 압전 버저를 울릴 수 있다. 그런데 인체 검지용 센서 회로에서는 수 Hz 부근에서 70 dB 정도의 앰프 이득을 필요로 하기 때문에 검지 물체의 상황에 따라서 노출 부족이 되는 경우가 있다. 이 때문에 여러 단의 증폭 회로를 설치하여 필요한 이득을 확보하여야 한다. 또한 입력 신호가 아주 미약하기 때문에 광학계에 의한 증폭이 필요하다.

3) 실험 방법

① 적외선 센서 IRA-E001S와 버저를 이용하여 그림과 같이 회로를 구성한다.

② 적외선 센서 가까이 위에서 손을 휘저을 때와 정지했을 때 A점의 전압과 버저의 동작을 관찰한다.

〔표〕

실험순서	측정값 및 동작 상태
②	손을 휘저을 때 　가. A점 전압 :　　　　　　　　　　　(V) 　나. 버저의 동작 상태 :
	손을 정지하였을 때 　가. A점 전압 :　　　　　　　　　　　(V) 　나. 버저의 동작 상태 :

⑶ 장시간 경보 회로 실험

1) 회로도

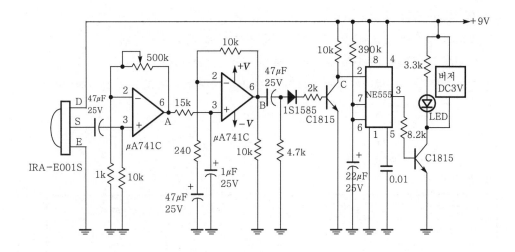

2) 회로 설명

초전형 적외선 센서의 출력을 교류 증폭하여 정류 회로를 거쳐 직류로 변환하고 NE555 타이머 IC를 트리거시킨다. 타이머 IC는 일정 시간폭의 펄스를 출력하고 발광 다이오드를 점등시킴과 동시에 버저를 울리는 경보 신호로 한다.

3) 실험 방법

① 그림과 같이 회로를 제작한다.

② 전원을 인가한 후, 센서의 접촉면에 손을 1(mm) 정도로 가까이했을 경우 측정점 A, B, C, D를 오실로스코프로 측정하여 아래에 그 파형을 기록하고, V_{P-P}를 기록한다.

③ 센서 위에 손을 가까이했을 때와 멀리 했을 때, 버저와 LED의 동작 상태를 관찰한다.

④ NE555의 4번 핀을 이용하여 Reset 기능이 가능하도록 회로를 변형한다.

(4) 실험 결과 고찰

① 적외선 센서의 실험을 통해 그 주요 응용 분야에 대하여 연구한다.

② 인체를 검지하는 원리에 대하여 실험을 통해 고찰한다.

③ 검지 거리를 늘이기 위해서는 적외선 센서를 어떻게 구성하여야 할 것인가?

▶ 적외선 센서의 정격

① 형명 및 용도

품 명	소광 소자수	광학 VFXJ	주요 용도
IRA-E100SZ1	듀얼(dual)	$7\,\mu$m	안전용 자동 도어
IRA-E100ST1		$5\,\mu$m	조명 스위치 가전 기구
IRA-E100SV1		$1\,\mu$m 반사 방지막 부착	간이 스위치
IRA-E100S1		$1\,\mu$m	
IRA-E009SX1	쿼드(duad)	$7\,\mu$m	높은 안전용

② IRA 시리즈의 정격

항목 \ 품명	듀얼 소자				쿼드 소자
	IRA-E100SZ1	IRA-E100ST1	IRA-E100SV1	IRA-E100S1	IRA-E100SX1
감도 (500 k, 1 Hz, 1 Hz)	1150 V/W	1690 V/W	1860V/W	1470 V/W	1080 V/W
비검출률 (500 k, 1 Hz, 1 Hz)	1.2×10^8 cmHz$^{1/2}$/W	1.0×10^8 cmHz$^{1/2}$/W	1.0×10^8 cmHz$^{1/2}$/W	1.0×10^8 cmHz$^{1/2}$/W	0.9×10^8 cmHz$^{1/2}$/W
응답 파장 범위	$7 \sim 14\,\mu$m	$5 \sim 14\,\mu$m	$1 \sim 20\,\mu$m	$1 \sim 20\,\mu$m	$7 \sim 14\,\mu$m
상승 시간	<25 ms	<25 ms	<25 ms	<25 ms	<25 ms
시야각	$\theta_1 = \theta_2 = 51°$	$\theta_1 = \theta_2 = 38°$	$\theta_1 = \theta_2 = 38°$	$\theta_1 = \theta_2 = 38°$	$\theta_1 = \theta_2 = 32°$
광학 필터	$7\,\mu$m 롱 패스 실리콘	$5\,\mu$m 롱 패스 실리콘	반사 방지막 부착 필터 실리콘	실리콘	$7\,\mu$m 롱 패스 실리콘
수광 전극 형상	$(2 \times 1$ mm$)$	$(2 \times 1$ mm$) \times 2$	$(2 \times 1$ mm$) \times 2$	$(2 \times 1$ mm$) \times 2$	$(1.75 \times 1$ mm$) \times 4$
전원 전압	$3 \sim 15$V	$3 \sim 15$V	$3 \sim 15$V	$3 \sim 15$V	$3 \sim 15$V
사용 온도 범위	$-25 \sim +55℃$	$-25 \sim +55℃$	$-25 \sim +55℃$	$-25 \sim +55℃$	$-25 \sim +55℃$
보존 온도 범위	$-30 \sim +100℃$	$-30 \sim +100℃$	$-30 \sim +100℃$	$-30 \sim +100℃$	$-30 \sim +100℃$

③ 외형(IRA-E001S의 경우)

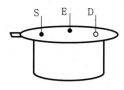

S ; 출력
E ; GND
D ; 전원전압(5~15V)

실험 실습 9

온도 센서

9-1 온도 센서의 관계 지식

(1) 온도 센서의 원리

온도 센서에 응용되는 물리적 효과로서는 ① 물질의 열팽창 ② 제벡 효과 ③ 전기 저항의 온도 특성 ④ PN 접합의 온도 특성 ⑤ 열 방사 ⑥ 광전 효과 ⑦ 초전 효과 ⑧ 광 파이버 외에 유전율·투자율의 온도 변화, 탄성 진동의 온도 변화, 열 잡음 등이 있다.

(2) 열전쌍

열전쌍(thermocouple)의 원리는 제벡 효과(seebeck effect)로서 잘 알려져 있다. 그림 (a)에 나타낸 것처럼 두 종류의 금속선 A, B의 양단을 접속해서 폐회로를 만들고, 두 접속점에 온도차를 주면 회로 중에 전류가 흐른다. 이 현상을 제벡 효과라고 한다. 그림 (b)는 금속선 A, B를 접속한 것으로, 측온 접점의 온도 T_2와 기준 접점의 온도 T_1의 차이에 따라 기준 접점 사이에 열기전력이 발생한다. 이 크기는 두 종류 금속선의 재질과 각각의 접점 사이의 온도차 ($T_2 - T_1$)에 의해 결정된다. 그림 (c)는 열전쌍의 종류별 온도 특성을 나타낸 것이다.

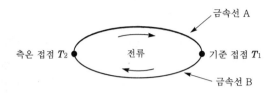

〈a. 제벅 효과〉

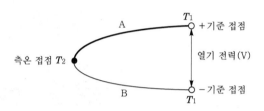

〈b. 열전쌍〉

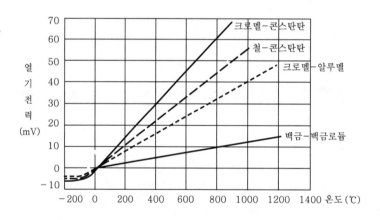

〈c. 열전쌍의 특성〉

⑶ 서미스터

서미스터는 열적으로 민감한 저항체(thermally sensitive resistor)라는 뜻에서 붙여진 이름으로, 온도 변화에 의해 그 저항값이 매우 크게 변화하는 반도체 감온 소자이다.

서미스터를 온도 특성에 의해 분류하면, 온도 상승과 함께 저항값이 감소하는 것으로서 부(−)의 온도계수를 갖는 NTC(Negative Temperature Coefficient) 서미스터, 반대로 정(+)의 온도계수를 갖는 PTC(Positive Temperature Coeffcient) 서미스터, 어느 온도에서 저항값이 급격히 감소하는 CTR(Critical Temperature Resistor)의 3종류가 있다. 일반적으로 "서미스터"라고 부를 때는 NTC 서미스터를 말하고 PTC는 "포지스터", CTR은 "크리테지스"등의 상품명으로 불려지고 있다. 아래 그림은 서미스터들의 온도 특성이다.

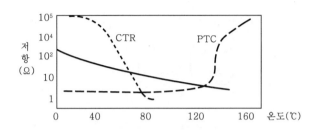

〈서미스터의 온도-저항 특성〉

⑷ IC 온도 센서

다이오드나 트랜지스터 등의 반도체 소자의 특성은 일반적으로 큰 온도 의존성을 갖고 있다. 이 성질을 적극 이용한 것에 IC 온도 센서가 있다.

트랜지스터의 베이스-이미터간 전압 V_{BE}과 이미터 전류 I_E의 관계는 식 (2)와 같이 표시된다.

$$I_E = I_S \left(\exp\left(\frac{qV}{kT} \right) - 1 \right) \quad \cdots\cdots\cdots\cdots\cdots\cdots\cdots\cdots\cdots \text{ (1)}$$

단, I_s : 접합부 온도로 정해지는 포화 전류

  q : 전자의 전하 $= 1.6 \times 10^{-19}$(C

  k : 볼츠만 상수 $= 1.38 \times 10^{-28}$(J/K)

  T : 절대 온도(K)

식 (1)에 의해 V_{BE}를 구하면,

$$V_{BE} = \frac{kT}{q} \cdot \ln\left(\frac{I_E + I_S}{I_S} \right) \quad \cdots\cdots\cdots\cdots\cdots\cdots\cdots \text{ (2)}$$

즉, 이미터 전류 I_E를 일정하게 하면 트랜지스터의 베이스-이미터 전압 V_{BE}가 절대 온도 T에 비례하는 것을 나타내고 있다.

실제의 트랜지스터의 V_{BE}는 동일 제조 로트 내에서 ± 100(mV) 정도의 변동이 있으며, 그 온도계수(약 2.3 mV/℃)로 일정하지 않은 등 온도 센서로서는 호환성이 부족하고 사용하기 곤란한 결점이 있다.

이와 같은 특성의 오차를 회로적으로 해결한 것이 IC 온도 센서이다. 그 원리도를 아래 그림에 나타내었다.

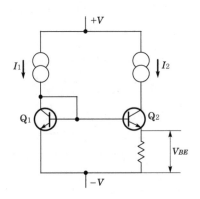

〈IC 온도 센서의 동작 원리〉

Q_1, Q_2는 모놀리식(Monolithic) 기술에 의해 전기적 특성이 정합된 페어(pair) npn 트랜지스터이며 I_1, I_2는 각각의 컬렉터에 흐르는 전류이다. 이 때의 Q_1, Q_2의 베이스-이미터간 전압 V_{BE}의 차의 전압 ΔV_{BE}는 R의 양단에 발생하고 식 (3)으로 표시된다.

$$V_{BE} = \frac{kT}{q} \cdot \ln \frac{J_1}{J_2} = 86 \cdot T \cdot \ln \frac{J_1}{J_2} \quad \cdots\cdots\cdots\cdots\cdots\cdots\cdots (3)$$

단, J_1 : Q_1의 컬렉터 전류 밀도 = I_1/S_1

J_2 : Q_2의 컬렉터 전류 밀도 = I_2/S_2

S_1, S_2 : Q_1, Q_2의 접합부 단면적

식 (3)은 ΔV_{BE}가 절대 온도 T_{dpj} 비례하고 있는 것을 나타내며, 트랜지스터의 성질에는 의존하지 않는 것을 나타내고 있다. 이 원리를 이용한 여러 가지의 IC 온도 센서가 실용화되고 있다.

아래의 표는 각 회사의 IC 온도 센서를 나타낸다. IC 온도 센서는 사용온도가 $-50\sim150\,℃$로서 리니어리티가 양호하기 때문에 특별히 직선화를 필요로 하지 않는 등의 특징이 있다. 또 출력 형식으로는 전류 출력형과 전압 출력형의 2종류가 있다.

〔표〕 각 사의 IC 온도 센서

품 명	메이커	사용온도 범위	패케지	출력 형식	온도 계수	기 타
AD 590	AD사	$-55℃\sim$ $+150℃$	TO-52 (3개의 리드)	전류	$1\,\mu\text{A}/℃$	
LM 3911	NS사	$-25℃\sim$ $+85℃$	TO-5(4개의 리드) 8핀 DIP	전압	10mV/℃	버퍼, OP-Amp 내장
LM 35	NS사	$-55℃\sim$ $+150℃$	TO-46(3개의 리드) TO-92(몰드)	전압	10mV/℃	버퍼, OP-Amp 내장
μPC616C μPC3911C	NEC	$-25℃\sim$ $+85℃$	8핀 DIP	전압	10mV/℃	버퍼, OP-Amp 내장
AN 6701	마쓰시타	$0℃\sim$ $+80℃$	4핀	전압	100mV/℃	온도 오프셋 기능

9-2 온도 센서의 실험

① 목적 : 온도에 의한 출력 전류 및 전압을 얻을 수 있다.
② 소요 재료

품 명	규 격	수량	품명	규격	수량
서미스터	2KD-5(NTC) 6KD-5(NTC) 10KD(PTC)	각 1	R	(1/4 W) 10, 470, 840, 980, (1 k $\times$2), 2.2 k, 3 k, 3.3 k, 27 k, 10 k, 55 k, 91 k	각 1
IC(온도 센서)	AD590$\times$2 AD592$\times$2 LM35D	1	VR	가변저항 1 kΩ, 5 kΩ	각 1
			배선	3색단선, φ0.5	1 m
IC	μA741C	1	LED	적색, 소형	1
TR	2N2222A$\times$2 TIP31C	각 1	버저	DC 3V용	1
			모터	12V용	1

③ 실험장비 : 접촉식 디지털 온도계, 아날로그 랩 유닛, 정밀 직류 전압계, 회로 시험기
④ 준비물 : 가열기(드라이어)

(1) 서미스터의 특성 실험

1) 회로도

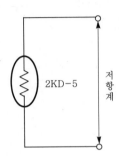

서미스터 2KD-5(NTC), 6KD-5(NTC), 10KD(PTC)

2) 실험 방법

① 회로 시험기의 저항계를 이용하여 서미스터의 양 단자에 걸리는 저항을 상온에서 측정한다.

② 서미스터에 저항계를 연결한 상태에서 서미스터를 손가락을 잡았을 때의 저항 값을 측정한다.

③ 서미스터를 교체하여 ①, ②를 반복한다.

〔표〕

실험순서	저 항 값		
	2KD-5(NTC)	6KD-5(NTC)	10KD-5(NTC)
①			
②			

⑵ 온도 변화에 따른 서미스터의 특성 시험

　1) 회로도

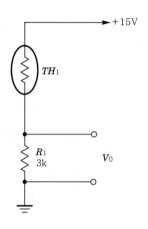

　2) 실험 방법

① 앞의 그림과 같이 서미스터와 저항 R_1을 직렬로 연결한다.

　서미스터에는 2KD-5를 사용하고, 접촉식 디지털 온도계를 서미스터에 부착하여 서미스터의 온도를 관찰할 수 있게 구성한다.

② 서미스터의 리드선에 가열 드라이기를 이용하여 서미스터를 가열하면서 상온 (25℃)에서부터 70℃까지 온도를 증가시켜 가면서 저항 R_1의 양단에 걸리는 전압 V_0를 측정한다.

③ 서미스터를 6KD-5, 10KD로 각각 교환한 후, 실험 과정 ②를 반복하여 실험하고, 각각 그 측정값 V_0를 표에 기록한다.

〔표〕

실험 순서		서미스터의 온도 및 측정값				
		25℃	40℃	50℃	60℃	70℃
②	2KD-5(NTC)일 경우	$V_0=$ (V)	(V)	(V)	(V)	(V)
③	6KD-5(NTC)일 경우	$V_0=$ (V)	(V)	(V)	(V)	(V)
	10KD(PTC)일 경우	$V_0=$ (V)	(V)	(V)	(V)	(V)

⑶ 설정온도가 되면 버저와 LED가 동작하는 회로 실험
　1) 회로도

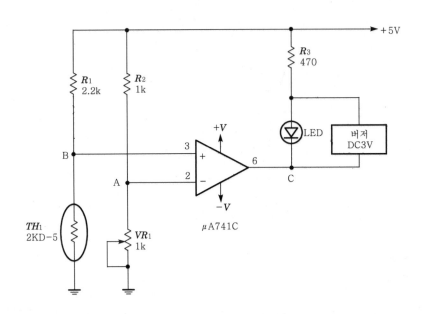

　2) 회로 설명
　본 회로는 서미스터를 저항 브리지 회로에 접속하고 있다. 동작으로서는 $A < B$로 되었을 때 OP 앰프의 출력이 $-V_{sat}$로 되어 부하의 LED가 ON되도록 구성되어 있다. 결국 서미스터 부분이 설정 온도보다 높았을 경우, LED와 버저가 ON하는 제어 회로이다. 이 회로의 특징은 검출부의 구성상 비교적 좁은 범위의 온도 제어에 한정되는 것이다.

　3) 실험 방법
　① 그림과 같이 회로를 구성하고, 서미스터에 접촉식 디지털 온도계를 부착하여 서미스터의 온도를 읽을 수 있도록 구성한다.
　② 전원을 가한 후, 가변 저항 VR_1을 조정하여 A점의 전압이 약 1.35V가 되도록 조정한다. 이 때, C점의 전압 V_c을 측정한다.
　③ 서미스터의 한쪽 리드선을 드라이어로 가열하고, LED와 버저가 동작하는 순간, 서미스터의 온도와 그때의 V_c를 측정한다.
　④ A점의 전압이 약 0.6V가 되도록 VR_1을 조정한다.
　⑤ 실험 순서 ③을 수행하여 그때의 온도와 V_c을 측정한다.
　⑥ A점의 전압을 약 0.35V가 되도록 VR_1을 조정한 후 실험 순서 ③을 수행하여 기록한다.

〔표〕

실험 순서	측정값	
②	$V_0 =$	(V)
③	서미스터의 온도 :	(℃)
	$V_0 =$	(V)
⑤	서미스터의 온도 :	(℃)
	$V_0 =$	(V)
⑥	서미스터의 온도 :	(℃)
	$V_0 =$	(V)

(4) 온도 변화에 대한 모터 회전 속도 제어

아래 회로에 달링턴 접속한 트랜지스터의 모터를 그림과 같이 연결하여 회로를 구성한다.

① 앞장에서 실험한 결과로부터 실온에서의 모터 양단에 가해지는 전압 V_L과 서미스터를 두 손가락으로 완전히 접촉하여 약 5분 경과 후에 예측되는 $V_L{}'$을 측정하여라.

다음으로 V_L과 $V_L{}'$를 실제로 측정하여 계산치와 비교하고 서미스터 온도 변화에 대한 모터의 회전 속도 변화를 관찰하여라.

	V_L	$V_L{}'$	V_O	$V_O{}'$
실험치				
계산치				

② 달링턴 트랜지스터의 h_{FE}을 실험으로 구하기 위하여 V_{RB}와 V_{RL2}를 측정하여 I_B, I_L, $h_{FE2} \times h_{FE3}$을 계산하여라.

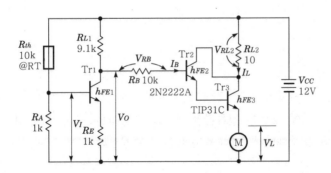

(5) 전류 출력형 IC 온도 센서 실험

  1) 회로도

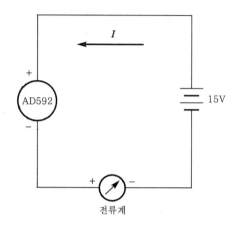

  2) 회로 설명

  본 회로는 IC화 온도 센서 : AD 592와 500 μA의 미소 전류계를 조합한 간단한 온도계이다. 여기에서 AD 592와 온도 출력은 25℃에서 298.2 μA, 온도 계수는 1 μA/℃이므로 이것에 50 μA 풀 스케일의 미소 전류계를 접속하면 전류값을 그대로 온도 변화로서 읽을 수 있다. 또 IC의 실력(實力)으로서는 -30℃ 정도에서부터 플러스측은 100℃ 정도이다. 캔(can) 타입의 패키지이면 더욱 그 범위를 넓힐 수 있다. 다만, 측온 범위가 넓어지면 교정 오차도 확대되므로, 그 경우는 AD590M 타입의 사용이 바람직하다. IC화 온도 센서는 -55℃에서 +150℃가 그 한계이다.

  3) 실험 방법

  ① 그림의 회로를 구성하고, IC 온도 센서의 표면에 접촉식 디지털 온도계를 부착하여 온도를 측정 가능하게 하고, DC 전류계는 수백 μA까지 측정 가능한 범위로 설정한다.

  ② 상온에서 전류계에 흐르는 전류값을 측정하고, 드라이기 등으로 AD592의 리드선을 가열하여 온도를 측정하면서, 그때의 전류값을 측정한다.

〔표〕

상온에서의 전류								(μA)
IC의 접촉 온도 (℃)	25	40	50	60	70	80	90	100
전류(μA)								

⑹ AD590 및 저항을 사용한 전압 출력 회로 실험

1) 회로도

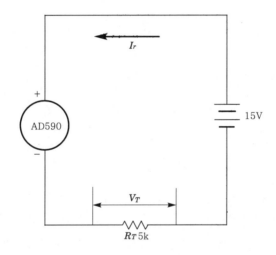

2) 회로 설명

본 회로는 전류 출력형의 온도 센서를 2개 직렬로 한 것이다. 이 경우 소자의 불균형이 직접 관계하여, 그 특성은 전류 출력이 적은 IC에 의존한다. 따라서, 여기에서는 측온 출력이 낮은 소자가 온도 전류를 출력하게 된다.

3) 실험 방법

① 그림과 같이 회로를 구성하고, 접촉식 온도계를 AD590에 접촉한다.

② 드라이어로 AD590의 메탈 케이스를 가열하면서, 그때 AD590의 온도와 R_1에 걸리는 전압 V_T를 측정하여 표에 기록한다.

〔표〕

IC의 온도(℃)	25	40	50	60	70	80	90	100
V_T(V)								

(7) AD590을 이용한 1점 조정 전압 출력 회로 실험

1) 회로도

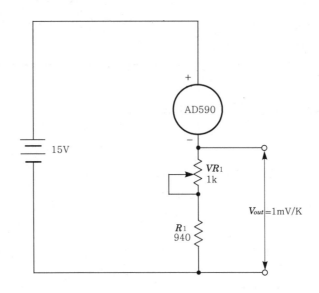

2) 회로 설명

IC화 온도 센서 : AD590 시리즈를 사용하여 온도계를 구성하는 경우, 소자의 불균형에 따라 다소의 온도 오차를 수반한다. 이 경우, 외부 저항을 조절함으로써 그 보정을 행할 수 있다. 이것에는 1점 조정법과 2점 조정법이 있으며, 본 회로는 1점 조정법이다. 여기에서는 IC화 온도 센서 : AD 590의 외부 저항을 가변하여 그 출력이 1 mV/K가 되도록 약간 조정하고 있다.

3) 실험 방법

① 그림과 같이 AD590에 접촉식 디지털 온도계를 연결하고, 출력 단자에 정밀 전압계를 연결하여 DC 전압을 측정할 수 있도록 회로를 구성한다.

② 전원을 가한 후, 출력 전압 V_0와 AD590의 온도를 읽는다. 가변 저항 VR_1을 조정하여 현재의 온도를 절대 온도로 변환한 것에 맞도록 출력 전압을 조정한다.

즉, 현재 온도 25℃인 경우에는

$25(℃) + 273(℃) = 298(°K)$이므로

$298(°K) × 1(mV/°K) = 298(mV)$

가 출력 전압이 되도록 가변저항 VR_1을 조정한다. 이후에 이 가변 저항 VR_1은 변경하지 않는다.

③ AD590의 메탈 케이스를 드라이어로 가열하면서 그때의 온도와 출력 전압을 측정하고

그 결과는 표에 기록한다.

〔표〕

AD590의 온도	(℃)	25	40	50	60	70	80	90	100
	(K)	298	313	323	333	343	353	363	373
V_O(mV)									
오차									

⑻ AD590을 이용한 2점 조정 전압 출력 회로 실험

　1) 회로도

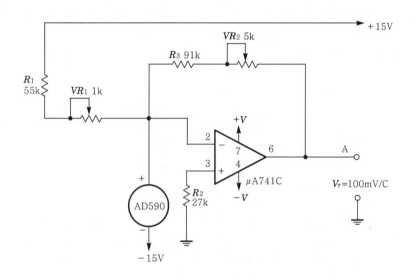

　2) 회로 설명

　IC화 온도 센서 : AD 590 시리즈를 사용하고 게다가 높은 온도 정밀도를 요구하는 경우, OP 앰프를 병용한 2점 조정법이 있다.

　본 회로는 2점 조정법에 의한 전압 출력 회로이다. 여기에서는 VR_1에 의해서 0℃의 출력 전압을 0V로 조정하고, 또한 VR_2에 의해서 100℃의 전압을 10V로 조정하고 있다. 결국 본 회로에서는 0℃0V, 100℃10V의 온도계를 구성하고 있다.

　3) 실험 방법

　① 그림과 같이 접촉식 온도계를 AD590에 접촉시킨 후, 회로를 구성한다. 전원을 ON한 후, 정밀 전압계를 출력 단자 A점에 연결한다.

　② 온도계의 눈금을 읽어, 지시하는 온도(℃)에 0.1을 곱한 전압이 출력되도록 가변 저항

VR_1을 조정한다(즉, 25℃인 경우에는 2.5V, 그 온도가 26℃인 경우에는 2.6V가 되도록 조정한다). 이후, 실험 동안이 가변 저항 VR_1은 변화시키지 않는다.

③ 드라이어로 AD590의 메탈 케이스를 가열하면서 온도계가 눈금이 100℃를 가리킬 때, VR_2를 조정한다. 이후, 이 VR_2도 가변시키지 않는다.

④ AD590의 온도가 다시 상온으로 될 때까지 기다렸다가 드라이어로 가열시키면서 그때의 온도와 전압계에 의한 출력 전압 V_0를 측정한다. 그 결과를 표에 기록한다.

〔표〕

AD590의 온도(℃)	25	30	40	50	60	70	80	90	100
V_0(V)	2.5								10

⑼ 전압출력형 IC 온도 센서 실험

1) 회로도

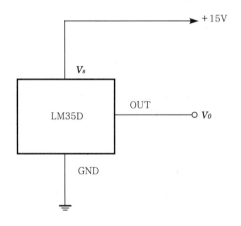

2) 회로 설명

LM35 시리즈는 정밀한 IC 온도 센서이며, 0.01(℃)의 온도에 비례하는 출력 전압과 60μA 정도의 전류를 얻을 수 있다. 사용 온도 범위는 +2(℃)~+150(℃)를 가진 종류도 있지만 최대 −55(℃)~+150(℃)이며, 1℃당 10 mV의 변화를 얻을 수 있는 한편 값이 저렴하고 플라스틱 TO-92형 트랜지스터 패키지이므로 낮은 출력 임피던스를 나타낸다.

$$V_0 = +1500(\text{mV}) \text{ at } +150(℃)$$
$$+250(\text{mV}) \text{ at } +25(℃)$$
$$-550(\text{mV}) \text{ at } -55(℃)$$

3) 실험 방법

① 그림과 같이 접촉식 온도계를 LM35D에 접촉시킨 상태에서 출력 단자에 정밀 전압계

를 연결한다.

② 가열기(드라이어)로 LM35D의 패키지를 가열시키면서 그때의 온도와 출력 전압 V_0를 측정한다.

〔표〕

AD590의 온도(℃)	25	30	40	50	60	70	80	90	100
V_0(V)									

(10) 전압 출력형 IC 온도 센서를 이용한 버저와 LED 제어 회로 실험

1) 회로도

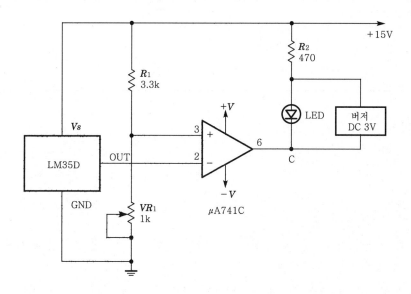

2) 회로 설명

본 회로에서 OP-Amp는 비교기로 동작한다. 비반전 입력 단자에 R_1과 VR_1에 의해 A점의 기준 전압이 설정되며, LM35D에서 얻은 출력 전압 V_{out}이 반전 입력 단자에 가해질 때, A점의 기준 전압보다 조금이라도 높게 되면 B점 전압은 $-V_{sat}$로 되어 부하가 구동된다.

만일 LM35D의 출력 전압 V_{out}이 A점 전압보다 낮다면, Op-Amp의 출력은 V_A의 동위상으로 $+V_{sat}$가 출력되어 부하는 구동되지 못한다.

3) 실험 방법

① 그림과 같이 접촉식 온도계를 LM35D에 접촉시켜 회로를 구성한다.

② 가변 저항 VR_1을 이용하여 OP-Amp 3번 전압이 300 mV가 되도록 조정한다.

③ LM35D를 드라이어로 가열하여 LED가 ON되고, 버저가 동작하는 순간의 온도를 측정한다.

④ VR_1을 가변하여 OP-Amp의 3번 전압이 약 500 mV가 되도록 한 후 실험 방법 ③을 반복한다.

⑤ VR_1을 가변하여 OP-Amp의 3번 전압이 약 700 mV가 되도록 한 후 실험 방법 ③을 반복한다.

〔표〕

실험 순서	측정값
③	(℃)
④	(℃)
⑤	(℃)

(11) 실험 결과 고찰

① 서미스터의 실험 결과를 통해 서미스터는 어떤 특징이 있으며, 어떤 종류가 있는가?

② 서미스터의 NTC, PTC 각각에 대한 응용 예를 연구하고, 회로도를 구현해 본다.

③ IC형 온도 센서의, 출력에는 전압 출력형, 전류 출력형이 있는데, 각각을 비교하여, 응용상의 차이점에 대해 검토한다.

④ 실험 (6)의 1점 조정법에 의한 절대 온도계와 실험 (7)의 2점 조정법에 의한 전압 출력 온도계의 차이점은 무엇인가?

　또한 실제 온도와 출력 전압간의 약간의 오차가 있는데 이의 보정 방법에 대해 연구한다.

⑤ IC 온도 센서에 의해 측정 전 전압을 이용하여 온도로 변환하고, 그 결과를 이용하여 컴퓨터나 마이크로프로세서 등을 이용하여 특정 시스템의 제어를 하고자 할 때 구성 방법과 필요한 회로에 대해 검토한다.

▶ IC화 온도 센서(AD590, AD592)의 정격

① 외형

〈AD590 캡 타입〉

〈AD592 플라스틱 패키지〉

② 전기적 특성

항목	AD590I/J/K/L/M
순방향 전압 $E^+ - E^-$	+44 V
역방향 전압 $E^+ - E^-$	−20 V
브레이크 다운 전압	+200 V
정격 동작 온도	−55~+150℃
보존 온도	−65~+175℃
단자 온도(10초)	300℃

항 목			AD5901
출력전류 at 25℃(298.2K)			298.2 μA
공칭 온도계수			1 μA/℃
교정오차(max)			±10.0℃
절대 오차 (max)	외부 조정 없음		±20.0℃
	25℃에서 오차 0에 조정시		±5.8℃
	비직선성		±3.0℃
	재현성		±0.1℃
	장기 안정성		±0.1℃월
전류성	없음		30 pA/Hz
전원 전압 제기	+4V ≤ V_S ≤ +5V		0.5 μA/V
	+5V ≤ V_S ≤ +15V		0.2 μA/V
	+15V ≤ V_S ≤ +30V		0./1 μA/V
케이스 대 리드 절연			1010/Ω
션트 커패시턴스			10 pF
턴온(turn-on) 시간			20 μS
역바이어스 리크 전류			10 pA
동작 전압 범위			+4~+30 V

③ 일람표

형 명	메이커명	출력 형식	특 징
AD590(캔 타입) AD592(플라스틱 패키지)	아날로그 디바이세즈	전류 출력	2단자 1μA/K 출력 측온 레인지 −55℃~+150℃ V_{CC}+4 V~+30 V
AN6701(플라스틱 패키지)	松下電子工業	전압 출력	4단자 100 mV/℃ 출력 측온 레인지 −10℃~+80℃ V_{CC}+5 V - +15 V
LM35(35A, 35CA, 35C, 35D)	내셔널 세미콘덕터	전압 출력	3단자 10 mV/℃ 출력 측온 레인지 −55℃~+150℃ V_{CC}+4 V~+30 V
LM3911(N, H46)	내셔널 세미콘덕터	전압 출력	8H46 4단자 10 mV/K 출력 측온 레인지 −25℃~+150℃ N8 단자 기준전압 6.55~7.25V
μPC616C	NEC	전압 출력	8PIN 미니 DIP(LM3911과 동등)
μPC3911C	NEC	전압 출력	8PIN 미니 DIP(LM3911과 동등)
REF-02	PM1	전압 출력	출력 전압 5V의 밴드갭형 기준 전압용 IC이지만 내부에 온도 출력 단자를 가짐

▶ IC화 온도 센서(LM 35D)의 정격

LM35/LM35A/LM35C/LM35CA/LM35D
Precision Centigrade Temperature Sensors
General Description

The LM35 series precision integrated-circuit temperature sensors whose output voltage is linearly proportional to the Celsius(Centigrade) temperature sensors calibrated In Kelvin, as the user is not required to subtract a flarge constant voltage from its output to obtain conventent Centigrade sealing. The LM35 does not require any external calibration or trimming to provide typical accuracies of ±1/4℃ at room temperature and ±3/4℃ over a full -55 to ±150℃ temperature range. Low cost is assured by trimming and calibration at the wafer level. The LM35's low output impedance, linear output, and precise inherent calibration make interfacing to readout or control circuitry especially easy. If can be used with single power supplies, or with plus and minus supplies. As it draws only 60 μA from its supply, it has very low self-heating, less than 0.1℃ in still air. The LM35 is rated to operate over a -55° to +150℃ temperature range, while the LM35C is rated for a -40° to + 110℃ range(-10° with improved accuracy). The LM35 series is available packaged in hermetic TO-46 transistor packages, while the LM35C, LM35CA, and LM35D are also available in the plastic TO-92 transistor package. The LM35D is also available in an-8-lead surface mount small outline package and a plastic TO-202 package.

Features

■ Calibrated directly in Celsius(Centigade)
■ Linear + 10.0 mV/℃ scale factor
■ 0.5℃ accuracy guaranteeable(at +25℃)
■ Rated for full-55° to +150℃ range
■ Suitable for remote applications
■ Low cost due to wafer-level trimming
■ Operates from 4 to 30 volts
■ Less than 60 μA current drain
■ Low self-heating, 0.08℃ in still air
■ Nonlinearity only ±1/4℃ typical
■ Low impedance output 0.1Ω for 1 mA load

Connection Diagrams

TO-46
Metal Can Package

+Vs Vout

GNDO

BOTTOM VIEW

TL/H/5516-1

Case is connected to negative pin(GND)

Order Number LM35H, LM35AH,
LM35CH, LM35CAH or LM35DH
See NS Package Number H03H

TO-92
Plastic Package

+Vs Vout GND

BOTTOM VIEW
TL/H/5516-2

Order Number LM35CZ,
LM35CAZ or LM35DZ
See NS Package Number Z03A

SO-8
Small Outllne Molded Package

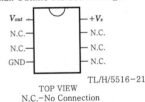

Vout	+Vs
N.C.	N.C.
N.C.	N.C.
GND	N.C.

TOP VIEW
N.C.-No Connection

Order Number LM35DM
See NS Package Number M08A

TO-202
Plastic Package

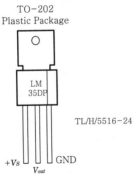

TL/H/5516-24

+Vs   GND
   Vout

Order Number LM35DP
See NS Package Number PO3A

Typical Applications

+Vs
(4V TO 20V)

OUTPUT
0mV+10.0mV/℃

TL/H/5516-3

FIGURE 1. Basic Centigrade
Temperature
Sensor(+2℃ to +150℃)

+Vs

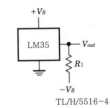

Vout

R1

-Vs

TL/H/5516-4

Choose $R_1 = -V_S/50 \ \mu A$
$V_{out} = +1,600$ mV at +150℃
$= +250$ mV at +25℃
$= -550$ mV at -55℃

FIGURE 2. Full Range Centigrade
Temperature Sensor

▶ 서미스터(AT 시리즈)의 정격

형 명	R23 (kΩ)*1	B정수(K)*2	방열계 수{m W/℃}	열사정수*3		최대 정격 (mW)	동작 온도 범위(℃)	마크
				수중 (s)	수중 (s)			
102AT-1	1±1 %	3100±1 %	6	8	100	30	−50~**90**	102AT
202AT-1	2±1 %	3182±1 %	↑	↑	↑	↑	〃	202AT
502AT-1	5±1 %	3324±1 %	↑	↑	↑	↑	−50~105	502AT
103AT-1	10±1 %	3345±1 %	↑	↑	↑	↑	〃	103AT
102AT-1N	1±1 %	3100±1 %	↑	↑	↑	↑	−50~70	102AT
202AT-1N	2±1 %	3182±1 %	↑	↑	↑	↑	〃	202AT
502AT-1N	5±1 %	3324±1 %	↑	↑	↑	↑	〃	502AT
103AT/1N	10±1 %	3435±1 %	↑	↑	↑	↑	〃	103AT
102AT-2	1±1 %	3100±1 %	5	0.8	15	25	−50~90	흑
202AT-2	2±1 %	3182±1 %	↑	↑	↑	↑	〃	적
502AT-2	5±1 %	3324±1 %	↑	↑	↑	↑	−50~100	황
103AT-2	10±1 %	3435±1 %	↑	↑	↑	↑	〃	백

*1. 25℃에서의 무부하 저항치

*2. 25℃, 85℃에서의 무부하 저항치로 산출

*3. 서미스터의 온도가 온도차의 63.25%에 도달하는 시간. 단, 이 값은 수중(공기 중)에서 측정한 값이다.

초음파 센서

10-1 초음파 센서의 관계 지식

(1) 초음파 센서의 동작 원리

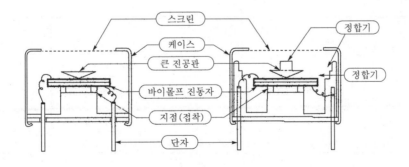

〈초음파 센서의 구조〉

위의 그림은 범용 타입 초음파 센서의 구조이다. 위의 그림과 같이 2매의 압전 소자를 가지는 것을 바이몰프라 하고, 1매의 압전 소자의 금속판을 가지고 있는 것을 유니몰프라 한다.

여기에 초음파가 입사하면 압전 소자는 진동하여 전압이 발생한다. 또한, 반대로 압전 소자에 전압을 인가하면 20kHz 이상 수 MHz의 초음파가 발생하게 된다.

(2) 초음파 센서의 종류

① 범용 타입 : 일반적인 초음파 센서의 주파수 대역폭은 수 kHz 정도이며, 주파수의 선택성이 있다. MA40A3R(수신용)과 MA40A3S(송신용)의 범용 타입은 주파수 대역폭이 좁은 반면에 감도가 좋고, 잡음에 강하다는 특징이 있다. 그러나 주파수를 조금씩 높여서 통신하는 다채널 통신과 같은 용도에는 다음과 같은 용도에는 다음에 나타내는 광대역형이 유리하다.

② 광대역형 : 광대역형 초음파 센서는 동작 대역 내에 20 kHz 부근과 25 kHz 부근에 두 개의 공진 특성을 가지게 함으로써 광대역화하고 있으며, MA23L3(송수 겸용)이 이에 속한다.

③ 방적형 : 옥외에서도 사용할 수 있도록 개방형이 아닌 밀폐된 구조로 되어 있다, 내후성이 뛰어나기 때문에 자동차의 후진 검지 장치나 주차 미터 등에 응용되고 있으며, MA40E1R(수신용)과 MA40E1S(송신용)가 이에 속한다.

④ 고주파용 : 지금까지 설명한 초음파 센서의 중심 주파수는 수 십 kHz이었지만 주파수를 100 kHz 이상으로 올린 초음파 센서도 있다. MA200A1(송수 겸용)은 중심 주파수가 200kHz로 높기 때문에 분해능이 높은 측정이 가능하며, 지향성이 7° 이하로 상당히 예민하게 되어 있다.

10-2 초음파 센서의 실험

① 목적 : 초음파에 의하여 물체를 검지한다.
② 소요 재료

품명	규 격	수량	품명	규 격	수량
초음파 센서	MA40L1S MA40L1R	1조	LED	적색, 소형	1
IC	TC4049B 또는 HC4069	1	R	(1/4 W)2.2 k, 3.3 k	각 1
IC	RC4558	1		(1/4 W)10 k, 300 k	각 1
C	0.0047 μF, 0.1 μF	각 1	배선	3색 단선, φ0.5	1 m

③ 실험 장비 : 아날로그 랩 유닛, 정밀 직류 전압계, 회로 시험기, 전원 공급기, 고주파 발진기, 오실로스코프

④ 준비물 : 고정용 테이프, 검출 물체(인형 등)

(1) 물체를 가까이 할 경우 LED가 점등하는 회로 실험

1-1) 회로도(송신부)

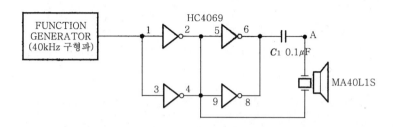

1-2) 회로도(수신부)

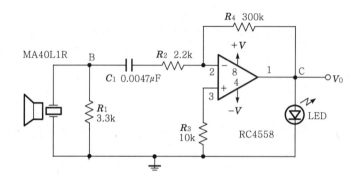

2) 회로 설명

① 송신부 회로 : 발진기로부터 받은 구형파 신호를 인버터로 각각 파워를 올리고 커플링 콘덴서를 통해서 고주파 전압을 초음파 스피커에 공급하고 있다.

　　또 압전 센서의 성질상 장시간 DC 전압이 공급된 경위 현저한 특성열화를 초래하기 때문에 일반적으로 커플링 콘덴서 C_p를 통해서 교류분의 전력이 공급되고 있다.

② 수신부 회로 : 초음파 센서의 수신 신호는 크면 1 V 정도이지만, 작으면 1 mV 정도로 된다. 따라서 뒤의 회로로 처리하기 쉬운 전압까지 증폭하려면 적어도 100배 이상의 이득이 필요하게 되므로 Op-Amp를 사용하였다. 주파수가 40 kHz로 높기 때문에 OP-Amp에는 고속의 타입이 필요하지만, 정밀도나 왜곡은 어느 정도 허용되기 때문에 일반적인 TL080, LF356, LF357, MC34080 시리즈로도 충분하다.

　　특히, 이득이 더 필요할 때에는 일단 OP-Amp를 추가하고 OP-Amp 한 개에서의 이득은 100배 이하로 한다.

3) 실험 방법

① 그림과 같이 송신부와 수신부를 구성한다.

② 송신부와 수신부의 센서는 약 1 cm 미만의 간격, 같은 높이로 나란히 배치하여, 움직이지 않도록 테이프 등으로 고정시켜서 물체의 검지를 용이하게 구성한다.

③ 전원을 가한 후, 오실로스코프를 이용하여 송신부의 A점 파형을 관측하고 V_{P-P}를 측정한다.

④ 오실로스코프의 수직 축을 0.1 mV/DIV로 전환한 후, 수신부의 B점 파형을 관측하고 V_{P-P}를 측정한다.

⑤ 초음파 센서 가까이에 인형(책이나 노트)을 이용하여 4~5 cm 정도로 접근시켰을 때의 B점 파형을 관측하고 V_{P-P}를 측정한다.

⑥ 물체를 가까이 접근시키면서 C점의 파형과 LED의 동작을 관찰한다.

⑦ 물체를 정지시킨 상태에서 function generator의 출력 주파수를 50 kHz, 60 kHz, 70 kHz등으로 가변시킬 경우 C점의 파형 및 LED의 동작 상태를 관찰한다.

〔표〕

실험 순서	파형 및 LED의 동작 상태	V_{P-P}
③		(V)
④		(mV)
⑤		(mV)
⑥		(V)
⑦		(V)

4) 실험 결과 고찰

① 초음파 센서에 의한 물체의 검지는 어떤 원리를 바탕으로 하는가?

② 초음파 센서를 이용하여 물체의 거리를 측정하고자 할 때 어떤 형태로 회로구성이 되어야 하는가? 또한, 그 원리는 무엇인가를 검토한다.

③ 본 실험을 통하여 초음파 센서의 사용 및 설치시 주의점은 무엇인가?

▶ 초음파 센서의 정격

형 명	공칭 주파수	감도· 음압(dB)	대역폭(kHz)	정전용량 (pF)	온도 특성	메이커
MA40A5R MA40A5S	40 kHz	−67 이상 112 이상	6 이상(−74 dB) 7 이상(90 dB)	2000 2000	10dB 이내 (−20~+60℃)	수신용(광대역) 송신용(광대역)
MA40E1R MA40E1S		−74 이상 100 이상	6 이상(−80 dB) 7 이상(90 dB)	1600 1600	10dB 이내 (−20~+60℃)	수신형, 소형 송신용, 소형
MA40S2R MA40S2S		−74 이상 106 이상	2 이상(−80 dB) 1.5 이상(100 dB)	2200 2200	10dB 이내 (−30~+80℃)	수신용 방적형 송신형 방적형
MA40A3R MA40A3S		−68 이상 110 이상	4 이상(−73 dB) 4 이상(100 dB)	1300 1300	10dB 이내 (−20~+80℃)	수신용 송신용
MA23L3	23 kHz	−70 이상	6(−73 dB)	2800	10dB 이내 (−20~+60℃)	송·수신 겸용
EFR-RSB40K6 EFR-OSB40K6	40 kHz	−67 이상 110 이상	4 이상 4 이상			수신용 송신용
EFR-RCB40K7 EFR-OSB40K7		−67 이상 112 이상	3.5 이상 3.5 이상			수신용 송신용

습도 센서

11-1 실험 장비 및 재료

품 명	규　　격	수량
ETS-7000	브레드 보드/함수 발생기(F, G)	1
DVM		1
VOM		1
오실로스코프		1
습도 센서	H204C	1
OP AMP	μA741C	1
다이오드	1S1588	1
서미스터	6KD-5(NTC)	1
콘덴서	10 μF(세라믹)	1
저항	33 kΩ－$\frac{1}{4}$ W	1
기타	테이프, 습도 센서를 씌울 수 있는 작은 비닐 봉지	

11-2 실험 과정

(1) 습도 센서 특성 실험(1)

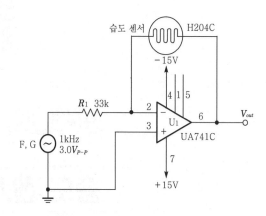

그림 a 습도 센서 특성 실험 회로(1)

① 그림 (a)와 같이 습도 센서를 이용하여 회로를 구성한다. 이때 습도 센서는 뒤의 실험과정을 용이하게 하기 위해, 일반선을 이용하여 리드 단자에 납땜하여 높게 설치한 후 Bread Board에 삽입한다.

함수 발생기의 주파수 발생기를 조정하여 사인파, 1 kHz, 진폭이 3.0 V가 되도록 조정한 후 OP AMP의 2번단자에 연결한다.

② 함수 발생기의 전원을 ON시킨 후, 출력 단자 V_{out}의 V_{P-P} 측정을 하고, DVM을 AC 전압 모드로 놓아 V_{rms}값을 측정하며 표 (a)에 기록한다.

③ 작은 비닐 봉지(약 7 cm×5 cm)에 입김을 세게 불어넣은 후, 습도 센서 H204C를 넣고 테이프 등을 붙여 밀폐시킨다.

④ 다시 전원을 넣고 약 2분 후에 ②의 과정과 같은 방법으로 측정하여 표 (a)에 기록한다.

⑤ 약 5분 경과 후에 ②의 과정을 반복한다.

⑥ H204C에 씌웠던 비닐봉지를 제거한 후에 스코프에 나타나는 파형을 관찰하자. 약 5분 정도 경과 후에 ②의 과정에 의해 V_{out}을 측정한다.

〔표 a〕

실 험 과 정		②	④	⑤	⑥
출력 V_{put}	V_{rms}				
	V_{P-P}				

(2) 습도 센서 특성 실험(2)

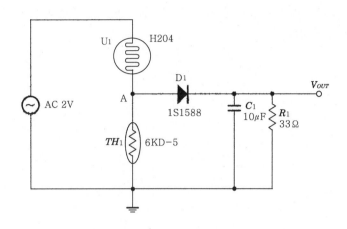

그림 b 습도센서 특성실험(2)

① 그림(b)의 회로를 연결하고, V_{out} 단자에 오실로스코프와 DVM을 ACV 모드로 하여 V_{P-P} 측정 및 V_{rms} 값을 측정하여 표(b)에 기록한다.

② 실험 1에서 사용했던 비닐 봉지에 입김을 세게 불어넣고, 습도 센서를 넣은 상태에서 봉한다.

   약 4~5분 경과하여 출력파형이 더 이상 변하지 않고 안정되었을 때 V_{out}을 측정하여 기록한다.

③ H204C 습도 센서를 밀폐시켰던 비닐 봉지를 제거한 후 스코프를 이용해 출력파형이 변화하는 모습을 관찰해 보자

   일정한 시간이 경과된 후 V_{out}을 측정해 보자.

〔표 b〕

실 험 과 정		(1)	(2)	(3)
V_{out}	V_{rms}			
	V_{P-P}			

〔검토 사항〕

① 실험을 통해 습도 센서는 상대 습도를 측정하는 것을 알 수 있는데, 절대 습도는 어떤 방식으로 측정이 가능하겠는가 검토한다.

② 습도 센서의 구동을 위해 AC 파형의 공급이 필요한 데 그 이유에 대해 검토한다.

③ 실험 1과 실험 2을 통해서 습도 센서의 응답 시간은 대략 어느 정도라고 예상되는가?

④ 실험 1과 실험 2의 결과를 통해서 본 실험에 사용된 습도는 상대습도(Relative humidity)에 따라 저항 성분이 어떻게 달리지는 것을 알 수 있는가?

⑤ 자기가 담당하는 업무와 유관한 분야에 이 습도 센서를 적용하거나 응용할 분야가 있는지에 대해 검토한다.

실험 실습 **12**

압력 센서 (스트레인 게이지)

12-1 실험 장비 및 재료

품 명	규 격	수 량
ETS-7000	브레드 보드	1
DVM		1
VOM		1
스트레인 게이지	UW-270	1
OP AMP	μA741C	1
적색 LED	TIL-221	1
부저	DC-3V용	1
저항	1 kΩ×2, 470 Ω	1
가변저항	1 kΩ	1 1

12-2 실험 과정

(1) 일정한 무게가 되면 LED와 부저가 동작하는 회로

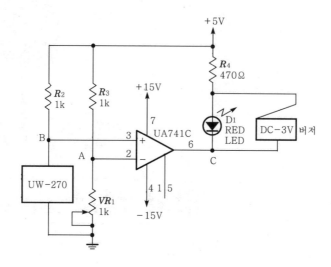

〔그림(a)〕 스트레인 게이지 특성 실험 회로

① 스트레인 게이지 양 단자에 DVM을 연결 저항값을 측정하여 표에 기록한다.

② 스트레인 게이지의 다이어프램을 손으로 누르면서 저항의 변화를 관찰한다. 좀더 세게 눌렀을 때의 저항 변화는 어떠한가?

③ 스트레인 게이지와 OP AMP를 그림(a)와 같은 간단한 회로를 구성한다. 먼저 A점의 전압이 약 1V가 되도록 VR_1을 가변시켜 조정한다.

④ 스트레인 게이지의 다이어프램을 서서히 누르면서 부저와 LED의 동작을 관찰한다.

⑤ VR_1을 가변시켜 A점의 전압 0.9V, 0.8V, 0.6V, …, 0.1 V 등으로 조정한 다음, 실험 과정(4)를 반복한다.

　스트레인 게이지의 다이어프램에 가해지는 힘과 A점과의 전압은 부저와 LED의 동작 과는 어떤 관계가 있는가.

〔실험결과표〕

실 험 과 정	결　　　　　　　과
①	
②	
④	
⑤	

경기도 파주시 교하읍 문발리 출판문화정보산업단지 536-3 TEL:031)955-0511 FAX:031)955-0510

패스 통신선로 산업기사

구기준 著/4·6배판/1,000p/정가 30,000원

이 책은 최단 시일 내에 통신선로 산업기사 필기 시험에 대비할 수 있도록 출제기준 항목별로 상세히 요점정리한 수험서입니다. 각 단원별로 예상문제, 매년 중점적으로 출제되고 있는 빈도 높은 문제 및 이후 계속해서 출제될 가능성이 높은 문제를 엄선하여 구성하였습니다. 마지막 정리가 필요한 수험생들에게 최적의 지침서가 될 것입니다.

패스 전자회로설계 산업기사

김기준·박건우 共著/4·6배판/760p/정가 28,000원

전자회로설계 산업기사는 2002년도에 신설된 현대 사회에서 요구하는 기술분야에 대한 미래지향적인 자격 종목으로서 그 중요성은 매우 높다고 할 수 있습니다. 이 책은 좀더 쉽고 빠른 시간에 자격 검정을 대비할 수 있는 수험서로서 출제 기준 항목별로 요점 정리를 하였으며, 빈도 높은 문제 및 이후 계속 출제될 가능성이 높은 문제를 최단 기간 내에 학습할 수 있도록 하여 가장 능률적으로 자격 시험에 대비할 수 있도록 하였습니다.

C 언어를 이용한 80C196KC와 MicroMouse

송봉길 외 2인 共著/4·6배판/528p/정가 28,000원/PCB 기판 첨부, CD 포함

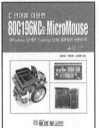

이 책은 마이크로 컨트롤러를 배우는 데 가장 어려운 부분인 C 언어를 이용하여 컴파일러를 세팅하는 부분을 초보자와 중급자에게 유용하도록 상세히 설명하였습니다. 그리고 이 책에서 사용하는 PCB 기판을 부록으로 첨부하여 이 보드를 이용하여 테스트 보드를 꾸며 보고, 마이크로마우스를 본문에 실어 응용력을 키울 수 있도록 하였습니다.

알기 쉬운 디지털 회로

Hideharu Amano·Yoshiyasu Takefuji 共著/이종선 譯/4·6배판/184p/정가 10,000원

이 책은 시판되고 있는 IC를 이용하여 실제의 회로를 조립할 수 있도록 회로 예나 예제를 풍부하게 담았으며, 최신 디바이스에 관한 지식을 풍부하게 도입했고, 설계 예도 디바이스를 활용한 것을 수록함과 동시에 최근 중요시되고 있는 PLA에 관한 설계법을 첨가했습니다. 이 책은 논리학이나 전자 회로의 기초가 없는 독자들도 이해할 수 있도록 되어 있지만 그 내용 자체는 모두 실질적 도움을 지향하고 있어 상당한 수준의 기술을 내포하고 있습니다.

패스 전자기사

전자기사검정연구회 編/4·6배판/1,056p/정가 35,000원

- 상세한 요점정리 : 출제기준 항목별로 요점정리를 상세히 하여 내용을 체계적으로 파악할 수 있게 하였습니다.
- 적중도 높은 문제 엄선 : 적중성 높은 문제들을 엄선하여 기본 문제와 그에 따른 응용, 파생 문제에 대한 해석능력을 배양할 수 있도록 하였습니다.
- 상세한 해설을 덧붙인 문제 : 각 문제마다 상세한 해설을 하였으므로 혼자 공부하기에 어려움이 없도록 하였습니다.

패스 전자산업기사

전자산업기사검정연구회 編/4·6배판/1,040p/정가 35,000원

이 책은 출제기준 항목별로 요점정리를 상세하게 하여 내용을 체계적으로 파악할 수 있게 하였으며 적중성 높은 문제들을 엄선하여 기본 문제와 그에 따른 응용, 파생 문제에 대한 해석 능력을 배양할 수 있도록 하였습니다. 각 문제마다 상세한 해설을 하였으므로 혼자 공부하기에도 역시 어려움이 없도록 하였습니다. 부록에는 최근에 출제된 전자산업기사 문제를 수록하여 최근의 출제 경향을 쉽게 파악할 수 있도록 하였습니다.

PIC16F84의 기초+α

이희문 著/4·6배판/634p/정가 20,000원/부록 CD 1매 포함

- 여러 가지 실용 표시소자를 다루고 있습니다.
- 자주 쓰이는 루틴을 독립시켰습니다.
- 활용도 높은 예제를 다루었습니다.
- MPLAB-IDE를 구체적으로 설명했습니다.
- CCS-C를 통한 C언어 프로그래밍을 다루었습니다.
- 다양한 PIC 시리즈를 활용할 수 있도록 향후 공부할 방향을 제시했습니다.

AVR ATmega128 마이크로컨트롤러

송봉길 著/심귀보 監修/4·6배판/760p/정가 39,000원/부록 CD 1매 포함

이 책은 펌웨어엔지니어가 되고 싶은 분들을 위하여 마이크로컨트롤러의 사용법을 AVR ATmega128을 예로 들어 소개한 것입니다. 마이크로컨트롤러는 제조회사마다 동작하는 명령어나 동작 신호가 상이한 것도 있지만 그 기본적인 개념은 거의 동일합니다. 이 책을 통하여 AVR ATmega128의 기본적인 사용법을 배움으로써 다른 마이크로컨트롤러에 대해서도 쉽게 이해할 수 있을 것입니다.

실무자를 위한 전자회로 415

김정호 著/국배판/564p/정가 33,000원

본서는 실용회로에 응용회로를 가미시킨 실제의 회로들로 직접 제품화에 적용이 가능하며 동작원리를 일부 변경하면 다른 회로에 응용할 수 있는 내용을 담고 있습니다.
전자회로를 추구하는 학생이나 초보자들에게 많은 도움을 주고 전문 기술자에게도 관련 제품을 개발하는 데 참고가 될 수 있으며, 본서에 소개된 회로에 구상을 하여 좀더 나은 회로로 발전시켜 사용할 수도 있습니다.

통신선로기능사

기술검정연구회 著/4·6배판/668p/정가 19,000원

이 책은 통신선로기능사의 이론 전반에 관해 체계적이고 상세하게 정리하였습니다. 현재까지 출제된 문제 중에서 새로운 출제기준에 맞추어 엄선된 문제만을 각 장마다 수록하였으며 실제 문제를 각 단원별로 수록함은 물론, 수험생 여러분의 이해를 돕기 위해 최근 출제문제를 부록으로 수록하였습니다. 최근 자격시험 문제가 실무 위주로 출제됨을 감안하여 이 점에 역점을 두고 집필하였습니다.

무선설비기사(작업형 실기)

자격시험연구회 著/4·6배판/736p/정가 25,000원

이 책은 무선설비기사 자격 취득을 위한 작업형 실기 대비뿐만 아니라 대학에서 자격대비를 위한 실습교재로 채택할 수 있도록 기초실험 내용을 추가하였으며, 실험을 통해 여러 장비들의 자세한 동작법을 설명하였고, 기본 이론에 대한 실험과정을 실제 사진과 그림으로 제시하여 학생들이 쉽게 이해할 수 있도록 하였습니다.

무선설비산업기사(작업형 실기)

자격시험연구회 著/4·6배판/624p/정가 23,000원

이 책은 무선설비산업기사 자격 취득을 위해 공부하는 수험생들의 요구를 충족시키고자 산업기사 실기 자격시험에 대비하기 위한 기본 이론과 시험과정에 맞는 자료를 엄선하여 내용을 정리하였으며, 기출문제와 예상문제를 더하여 보다 자세한 실험과정과 해설을 첨부하였습니다. 또한 장비 동작뿐만 아니라 제작한 회로를 측정하는 방법에 더욱 치중하여 회로측정방법을 그림을 통하여 자세하게 설명하였고, 스펙트럼 분석기는 사진을 이용하여 보다 상세히 설명하였습니다.

디지털 논리회로 설계와 실험

이기학·이상훈·백주기 共著/4·6배판/416p/정가 18,000원

본 교재는 디지털 논리회로를 설계하는 능력 배양, IC 소자의 이해, 실험능력에 초점을 맞추었으며, 응용회로보다는 기초회로 설계와 실험에 역점을 두었습니다. 기초실험에 있어서는 기본 이론과 설계의 이해를 도모하기 위하여 실험과정과 설명을 병행하여 좀더 편리하게 실험할 수 있도록 배려하였고, 교재의 실험은 기초실험과 응용실험 2가지로 분류하여 먼저 기초회로를 설계하고 실험한 후 응용회로를 설계하고 실험할 수 있도록 구성하였습니다.

전자 공작 입문

住廣尙三 著/월간 전자기술 편집부 譯/4·6배판/174p/정가 10,000원

전자 공작을 즐겁게 하기 위해 필요한 땜납 기술, 부품 지식, 회로도 읽는 법 등 공작에 관한 기본적인 내용을 알기 쉽게 해설하고 있습니다. 제1장 공작을 시작하기 전에, 제2장 공작에 필요한 공구, 제3장 프린트 기판의 공작 방법, 제4장 케이스의 가공 기술, 제5장 케이스 수납, 케이스 내의 배선, 제6장 그 밖의 가공 기술, 제7장 자료편으로 구성되어 있습니다.

정보통신기사실기(작업형)

이태현 외 2인 共著/4·6배판/816p/정가 25,000원/부록 CD 1매 포함

본서는 현장에서 경험하고 가르쳐 온 내용 중에서 산업인력공단의 출제기준에 맞는 자료들을 엄선하여 정보통신기사 실기 전반에 걸쳐 체계적이고 상세한 정리를 하였으며, 기출문제 및 예상문제를 분석하였습니다. 특히 작업형 실기는 측정장비 운용 및 조작이 중요시되므로 1대 장비에 대하여 여러 종류의 예로 그 사용법을 다루었고, 매 장마다 특징과 단점을 기술하여 자격증 취득시의 어려움을 해소하였습니다.

무선설비실기/실습

신인철 編著/4·6배판/550p/정가 16,000원

• 실업계 고등학교 및 직업훈련 전 과정에 필요한 이론과 실기에 역점을 두고 집필하였습니다.
• 한국산업인력공단에서 공개된 문제를 수록하여 출제경향을 쉽게 파악할 수 있도록 하였습니다.
• 회로 해설 및 배치도, 측정법 등을 알기 쉽게 설명하였습니다.
• 특히, 국내 최초로 항공전자정비 기능사 공개 문제를 수록하였습니다.
• 부록으로 TTL과 C-MOS IC의 규격과 핀 접속도를 종류별로 엮었습니다.

최신 아마추어 무선용어

JA1ISN 西田和明, JH1GOX 佐久間光夫 共著/정해선 編譯/4·6배판/212p/정가 8,000원

아마추어 무선에서 사용되는 운용용어, 기술용어, 법적용어를 되도록 많이 수록하였습니다. 일부 많은 사람이 좋은 뜻으로 사용하는 속어도 수록하였습니다. 본문 다음에 한영대조 색인을 수록하여 한영사전으로서의 기능을 갖추도록 하였습니다. 부록으로 아마추어 무선의 운용에 꼭 필요한 방대한 양의 자료를 정선하여 수록하였습니다.

진공관 앰프 제작 길라잡이

이찬영 著/4·6배판/212p/정가 13,000원

진공관의 기초지식부터 제작까지 그리고 제작 또는 사용중인 제품 중에서 부분 변화로 다각적인 사운드와 업그레이드 방법들을 상세히 풀이하였습니다. 따라서 매니아 또는 진공관 앰프를 처음 만드는 초보자 여러분들에게 좋은 지침서가 될 것입니다.

초보자를 위한 전자기초 입문

岩本洋 著/이영실 譯/4·6배판/206p/정가 17,000원

전자공학의 중심인 증폭회로로서 가장 많이 사용되고 있는 전류귀환 증폭회로가 어떤 방식으로 구성되었는지를 상세히 해설했습니다. 또한 각각의 소단원마다 '복습' 문제를 실어 내용을 완전히 이해할 수 있도록 한 것은 이 책의 특징이라 할 수 있습니다. 전자공학의 기초를 학습한다는 관점에서 상세한 이론은 피하고 내용에 따라 처음에는 정성적인 학습으로 이해를 깊게 하고 그후에 정량적인 학습을 할 수 있도록 진행했습니다. 그림은 삽화를 그리거나 그림 중에 설명을 추가하여 이해하기 쉽도록 하였습니다.

도해 시퀀스 디지털 회로

大浜庄司 著/김실 譯/4·6배판/220p/정가 10,000원

본서는 로직 시퀀스 제어를 이해하려고 디지털 회로를 처음 배우는 사람들을 위해 집필한 것으로, 기초부터 실제까지 알기 쉽게 해설한 참고서입니다. 해설방법은 지금까지의 경험을 토대로 여러 가지 연구를 한 데 모아 디지털 회로를 읽는 방법에 주안점을 두고, 동작순서를 그림과 도면으로 설명했습니다. 독학으로 디지털 회로를 배우려는 사람, 공업계 학교, 대학, 대학교의 전기·전자공학과 학생, 신입사원교육 연수용 교재로 활용할 수 있습니다.

햄(HAM) 자격취득을 위한 전파법규 예상문제집

이동규 著/4·6배판/222p/정가 6,000원

현대 산업의 발전을 기초로 정보통신의 발달과 더불어 전파를 이용한 취미인 아마추어 무선을 즐기고자 하는 분들이 비약적으로 증가하고 있습니다. 이에 본서는 자격증을 쉽게 따기 위한 분들을 위한 수십 년간의 햄 경력 및 전파법 중 운용 규칙 개정 위원, 자격시험 문제출제위원, 연맹과목 면제 강습 강사 등의 다양한 경험을 바탕으로 과년도 출제문제 위주로 알기 쉽게 전파법을 요약하고 핵심문제를 정리하였습니다.

센서 회로 설계 및 실험 실습

지일구, 김한근, 김종오 共著/4·6배판/274p/정가 12,000원

본서는 전자 공학, 제어 공학, 자동화, 메커트로닉스 등을 공부하는 공학도들이 한 학기 동안 센서 회로를 실험할 수 있는 분량으로 준비되었습니다. 반도체 센서를 위주로 하여 온도 센서, 광 센서, 홀 센서, 적외선 센서, 초음파 센서 등으로 구성되어 있으며, 회로는 아날로그 증폭 회로 또는 OP-Amp를 주로 사용하여 부하를 구동하도록 하였습니다.

알기 쉬운 전자기계기초

조양구 譯/4·6배판/192p/정가 9,000원

전자기계제어의 기본이 되는 논리회로나 디지털 제어에 관해서 '블랙박스'로 취급하지 않고 실제로 동작하는 값을 사용하였으며, 또한 그 동작 원리나 특징을 기술하였습니다.

만화로 배우는 모빌 햄

江頭剛之 著/이동규 譯/4·6배판/140p/정가 6,000원

이 책은 자동차에 아마추어 무선의 트랜시버를 탑재하여 즐기는 방법에 대해 해설했습니다. 모르는 것, 즉 예를 들면 '트랜시버를 어떻게 자동차에 설치하면 좋은가', '안테나를 어떻게 자동차에 설치하면 좋은가', '전원은 어디에서 어떻게 배선하면 되는가' 등 입니다. 또 아마추어 무선의 경험이 없는 모빌 개국을 한 사람은 '어떻게 대화해야 하는가'도 몰랐을 것입니다. 이 책에서는 위의 내용을 소개하 였습니다.

센서 회로 설계 및 실험 실습

정가 : 12,000원

지은이 : 지일구 · 김종오

펴낸이 : 이 종 춘

펴낸곳 : **BM** 성안당

주 소 : 경기도 파주시 문발로 112

전 화 : (031)955-0511

팩 스 : (031)955-0510

등 록 : 1973.2.1 제13-12호

2002. 6. 25   초판 1쇄 발행
2009. 8. 3   초판 2쇄 발행
2012. 9. 12   **초판 3쇄 발행**

© 2002~2012 지일구, 김종오

ISBN 978-89-315-3169-5

홈페이지 : **www.cyber.co.kr**